U0927058

作者简介

A brief introduction of the author

吴有铭，男，1975年出生于湖北黄冈。1998年本科毕业于东南大学；2005年硕士毕业于北京理工大学；2012年1月，博士毕业于北京理工大学；2013年3月，进入北京交通大学中国产业安全研究中心博士后工作站，在职从事出版产业安全研究工作。1998年工作于人民交通出版社，从事路桥专业编辑工作，主任，编审。

近年来，本人坚持理论联系实际，组织策划了一批双效益较好的图书。其中，2种图书被评为2004年度全国优秀畅销书；6种图书入选国家“十一五”重点出版项目；3种图书入选国家“十二五”重点出版项目；1种图书入选国家第二届“三个一百”原创出版项目；1种图书获第三届中华优秀出版物提名奖；1种图书获第二届中国政府奖提名奖；24种教材入选国家“十一五”规划教材，其中1种教材入选国家精品教材；5种图书被评为我社年度社级优秀图书，1种图书入选国家出版基金资助项目。

本人累积发表了11篇专业论文，其中编辑业务方面论文6篇，交通科技方面论文5篇，撰写书评4篇，参编图书1本。

本人获交通运输部图书交流征文三等奖1项；获社级优秀征文二等奖1项；获社编校技能测试第一名、第二名各1项；5次获社年度个人考核优秀；获社第三届优秀编辑称号1项。

2005年获北京理工大学优秀毕业生1项，2006年起从事公路交通应急管理理论与方法研究。2012年获交通运输部青年科技英才称号，入选交通运输部科技项目管理专家库。

Theory & Method of Construction on Highway Transportation Emergency Management System

公路交通应急管理体系构建理论与方法

吴有铭/编著　　孔昭君/主审

内 容 提 要

本书以公路交通应急管理体系为研究对象，对如何构建危机背景下公路交通应急管理体系的一系列关键问题进行了研究，包括：阐释了公路交通应急管理体系的概念，分析了构建公路交通应急管理体系的理论和实践动因，明确了公路交通应急管理体系的组成构架，建立了公路交通应急管理体系的敏捷性评价指标、方法、模型并提供了评价实例，以及提出了完善公路交通应急管理体系敏捷性建设的对策建议等。

本书可供公路交通应急管理研究人员，以及参与公路交通应急工作的政府与企业决策、管理人员学习参考，也可供大专院校相关专业师生学习使用。

图书在版编目(CIP)数据

公路交通应急管理体系构建理论与方法 / 吴有铭编著. — 北京 : 人民交通出版社, 2011.7

ISBN 978-7-114-09293-0

Ⅰ. ①公… Ⅱ. ①吴… Ⅲ. ①公路运输 - 交通运输安全 - 安全管理体系 - 研究 Ⅳ. ①U491.4

中国版本图书馆 CIP 数据核字(2011)第 149698 号

书　　名：**公路交通应急管理体系构建理论与方法**
著 作 者：吴有铭
责任编辑：丁　遥
出版发行：人民交通出版社
地　　址：(100011)北京市朝阳区安定门外外馆斜街 3 号
网　　址：http://www.ccpress.com.cn
销售电话：(010)59757973
总 经 销：人民交通出版社发行部
经　　销：各地新华书店
印　　刷：化学工业出版社印刷厂
开　　本：720×960　1/16
印　　张：13.5
字　　数：132 千
插　　页：1
版　　次：2011 年 7 月　第 1 版
印　　次：2013 年 4 月　第 3 次印刷
书　　号：ISBN 978-7-114-09293-0
定　　价：50.00 元

前 言 *Qianyan*

当前频繁发生的危机事件对世界各国实施及时有效的公路交通应急提出了很高的要求,同时也带来了极大的不可预知风险。科学的管理体系是公路交通应急有效组织的基础。目前,无论是从战略认识层面还是战术操作层面,我国都缺乏科学、系统、高效、经济的公路交通应急管理体系。从国内外相关文献研究来看,从管理体系的敏捷性角度对公路交通应急理论进行研究还是一个空白。因此,本书的研究工作具有重要的理论价值和实践意义。

本书以公路交通应急管理体系为研究对象,在对我国近年来发生的几次特别重大的危机进行较为深入调查分析的基础上,对如何构建危机背景下公路交通应急管理体系的一系列关键问题进行了研究,包括:阐释了公路交通应急管理体系的概念,分析了构建公路交通应急管理体系的理论和实践动因,明确了公路交通应急管理体系的组成构架,建立了公路交通应急管理体系的敏捷性评价指标、方法、模型和评价实例,以及提出了完善公路交通应急管理体系敏捷性建设的对策建议等。

本书首次对公路交通危机事件、公路交通应急及公路交通应急管理体系进行了系统研究,提出了公路交通敏捷应急管理体系的概念、核心理念和构建内容。

本书认为,公路交通危机事件,是指由自然灾害、运输事故灾难、公共卫生事件、社会安全事件等突发事件,以及战争引发的,造成或者可能造成公路通道与重要客运枢纽出现中断、阻塞、重大人员伤亡、大量人员需要疏散、重大财产损失、生态环境破坏或严重社会危害,以及由于社会经济异常波动造成重要物资、旅客运输紧张,需要公路交通运输主管部门提供应急运输保障的紧急事件。公路交通应急,是指在发生公路交通危机事件时,公路交通运输主管部门通过对人员、物资、资金等采取有效运输组织和积极保障的一系列应对措施。公路交通应急管理体系,是指为了保证公路交通应急高效实施而建立的,包括组织指挥、运行实施、资源保障、决策辅助、信息支撑等子体系的综合体系。

本书认为,公路交通敏捷应急蕴涵的核心理念主要包括:快速性、适应性、经济性和稳定性。本书提出,我国应形成一个"交通运输部—省交通厅—市交通局—县交通局"的中央与地方分级负责的四级工作格局,按照"统一领导、分级负责、条块结合、属地为主"的原则,构建部、省、市、县四级公路交通应急管理组织机构,负责指挥协调、日常管理、现场指挥等工作。完整的公路交通应急管理体系应由组织指挥、运行实施、资源保障、决策辅助和信息支撑五个子体系组成。

本书首次提出了公路交通应急管理体系的敏捷性指标、评价方法及模型。在敏捷理论与方法研究的基础上,针对构成公路交通应急管理体系的各个子体系，按照应急管理的不同阶段构建敏捷性评价指标体系，并通过快速性、经济性、适应性、稳定性的要求，运用信息熵法对专家评价结果进行处理，结合实际对指标进行简化，筛选出体现敏捷应急要求的技术指标；并结合应急的经验数据，进行专家权重聚类分析，计算指标权重，给出了评价方法和模型；同时，结合青海玉树地震进行了实证分析，根据此次灾害中影响公路交通应急管理体系敏捷性指标的权重分析结果，确定影响公路交通应急管理体系敏捷性的核心要素。

本书的研究成果为公路交通应急管理体系研究提供了重要的思路和方法，为我国政府公共危机应急管理研究理论、方法和应用奠定了一定的基础，并对政府加快公共危机应急建设进程做出了一定贡献。对于提高政府，尤其是公路交通主管部门构建敏捷的应急管理体系、打造并提升预防和处置危机的能力、全面履行政府职能、构建社会主义和谐社会具有十分重要的意义。

本书为编著者所撰写的博士学位论文的初稿，其中有许多内容都是初次提出，难免有不当之处，乃至出现一些错误，敬请读者批评指正。邮箱：wym64298973@126.com，希望能与广大读者共同与时俱进。

编著者 [signature]

2011 年 5 月

于北京欢乐谷

目 录 Mulu

第 1 章 绪论 …… 1
1.1 研究的背景 …… 1
1.2 研究问题的提出 …… 2
1.3 研究的必要性 …… 5
1.4 研究的现状 …… 7
1.4.1 交通战备 …… 7
1.4.2 应急物流 …… 8
1.4.3 应急运输 …… 9
1.5 研究的问题 …… 10
第 2 章 公路交通应急理论基础与内容构成 …… 12
2.1 公路交通应急理论 …… 12
2.1.1 公路交通应急的背景与要求 …… 12
2.1.2 公路交通应急的内涵、主体和对象 …… 15
2.1.3 公路交通应急的作用 …… 16
2.1.4 公路交通应急的需求特点 …… 17
2.1.5 公路交通应急的过程及其内容 …… 17
2.2 敏捷理论基础 …… 20
2.2.1 敏捷及敏捷性 …… 21
2.2.2 公路交通应急敏捷性 …… 23

2.3 公路交通应急管理体系敏捷性分析 …………… 24
2.3.1 公路交通应急敏捷性核心理念 …………… 24
2.3.2 公路交通应急管理体系构建内容 …………… 25
第3章 构建公路交通应急管理体系的实践动因 ……… 28
3.1 发达国家公路交通应急管理体系的现状和特点…… 28
3.1.1 美国公路交通应急管理体系 ……………… 28
3.1.2 英国公路交通应急管理体系 ……………… 33
3.1.3 日本公路交通应急管理体系 ……………… 38
3.1.4 德国公路交通应急管理体系 ……………… 42
3.1.5 俄罗斯公路交通应急管理体系 …………… 46
3.1.6 发达国家公路交通应急管理体系的特点 … 48
3.2 我国公路交通应急管理体系的现状、主要问题及原因分析 ………………………………… 50
3.2.1 我国公路交通应急管理体系的现状 ……… 50
3.2.2 我国公路交通应急管理体系的主要问题 … 56
3.2.3 我国公路交通应急管理体系问题的原因分析 …………………………………… 66
3.3 完善我国公路交通应急管理体系的启发和建议 ……………………………………… 68
3.3.1 完善我国公路交通应急管理体系的启发 … 68
3.3.2 完善我国公路交通应急管理体系的建议 … 71
本章小结 ……………………………………………… 75
第4章 公路交通应急管理体系构建框架 …………… 76
4.1 公路交通应急管理体系的构建思路 …………… 76
4.1.1 公路交通应急管理体系的内涵 …………… 76

4.1.2 构建目标、原则和要素分析 …… 77
4.2 公路交通应急组织指挥子体系的构建 …… 80
4.2.1 公路交通应急组织指挥子体系的构建原则 …… 80
4.2.2 公路交通应急组织指挥子体系的构建框架 …… 82
4.2.3 公路交通应急组织指挥子体系的要素分析 …… 84
4.3 公路交通应急运行实施子体系的构建 …… 91
4.3.1 公路交通应急运行实施子体系的构建原则 …… 91
4.3.2 公路交通应急运作实施子体系的构建框架 …… 93
4.3.3 公路交通应急运作实施子体系的要素分析 …… 93
4.4 公路交通应急资源保障子体系的构建 …… 108
4.4.1 公路交通应急资源保障子体系的构建原则 …… 108
4.4.2 公路交通应急资源保障子体系的构建框架 …… 109
4.4.3 公路交通应急资源保障子体系的构建要求和内容 …… 110
4.5 公路交通应急决策辅助子体系的构建 …… 121
4.5.1 公路交通应急法律法规体系的建设 …… 122
4.5.2 公路交通应急预案体系的建设 …… 122

4.6 公路交通应急信息支撑子体系的构建 …………… 123
4.6.1 公路交通应急信息支撑子体系的构建要求和内容 …………… 123
4.6.2 公路交通应急信息平台的涵义、构成要素和功能 …………… 125
本章小结 …………… 128
第5章 公路交通应急管理体系敏捷性评价分析 …… 129
5.1 公路交通应急管理体系敏捷性的内涵 …………… 129
5.2 公路交通应急管理体系敏捷性的特征 …………… 131
5.3 公路交通应急管理体系敏捷性评价的思路和原则 …………… 133
5.3.1 评价思路 …………… 133
5.3.2 评价原则 …………… 134
5.4 公路交通应急管理体系敏捷性评价的意义与方式 …………… 135
5.4.1 评价意义 …………… 135
5.4.2 评价方式 …………… 135
5.5 公路交通应急管理体系评价指标设计 …………… 136
5.5.1 公路交通应急评价指标体系 …………… 136
5.5.2 使用信息熵法简化主要评价指标 …………… 146
5.5.3 聚类分析专家权重求权系数 …………… 153
5.6 公路交通应急管理体系敏捷性评价实例 …………… 157
5.6.1 青海玉树地震灾害总体情况 …………… 157
5.6.2 青海玉树地震公路交通应急情况 …………… 158
5.6.3 青海玉树地震公路交通应急管理体系敏捷性评价分析 …………… 161

5.6.4 指标权重计算结果分析 …… 162
本章小结 …… 163
第6章 公路交通应急管理体系敏捷性构建建议 …… 164
6.1 加强公路交通应急法规与预案建设 …… 164
6.1.1 建设要求 …… 164
6.1.2 建议 …… 166
6.2 构建常设应急管理机构 …… 168
6.2.1 构建要求 …… 168
6.2.2 建议 …… 169
6.3 提升专业化能力 …… 172
6.3.1 提升要求 …… 172
6.3.2 建议 …… 174
6.4 提升专项资金能力 …… 175
6.4.1 提升要求 …… 175
6.4.2 建议 …… 176
6.5 加强公路交通应急预警管理 …… 181
6.5.1 管理要求 …… 181
6.5.2 建议 …… 183
本章小结 …… 185
第7章 研究结论与展望 …… 186
7.1 研究结论 …… 186
7.2 研究展望 …… 191
参考文献 …… 193
致谢 …… 201

第1章 绪论

1.1 研究的背景

近年来,世界各国地震、海啸、台风等危机事件频频发生,尤其是2011年3月,日本9级地震引发海啸,最终导致核泄漏,给周边国家乃至全世界带来了极大影响。我国是世界上危机事件发生较多的国家之一。2008年以来,我国先后出现了南方冰雪灾害、四川汶川地震、青海玉树地震、甘肃舟曲泥石流等危机事件,严重影响了社会、经济和人民生活,对公路交通应急提出了很高的要求。

公路交通应急作为一种高度讲求时效的人力、物资运输保障手段和方法,能够为应对危机事件提供坚实的物质基础,并对保障救援人员的战斗力,确保危机影响区域的社会稳定,加快恢复重建的进程,发挥重要的作用。如,交通运输部《"十二五"道路运输应急体系建设规划》指出,在"5·12"汶川大地震公路交通应急保障工作中,动员人力之广,调集运力之多,涉及范围之大,运输任务之重,保障难度之高,持续时间之长均创造了历史纪录。据不完全统计,从2008年5

月12日至8月底,四川省交通厅抗震救灾运输保障指挥部累计接到派车指令5 000多单,调集客车2 223辆,开行3 233车次,运送救灾人员和转运受灾群众10万余人,调集货车6 391辆,开行13 975次,运送救灾物资约10.2万吨,单日最大用车量达到1 029辆,公路交通应急保障为抗震救灾取得最后胜利做出了重大贡献。

在历次危机事件应对过程中,尽管各级公路交通主管部门强化了公路交通应急管理体系的建设工作,并取得了一定的成绩,但也暴露了一系列亟待解决的问题。从总体上看,我国公路交通应急管理体系建设水平各地参差不齐,保障能力仍然十分薄弱,尚未建立长效机制,对频繁发生的危机事件的应对能力尚显不足。

1.2 研究问题的提出

近年来,我国先后遭遇了南方低温雨雪冰冻灾害和汶川、玉树地震灾害,公路交通受到了前所未有的重创。在党中央和国务院的坚强领导下,公路交通应急工作经受住了考验,保障能力得到了提升,完成了保障任务。但在取得成绩的同时,也暴露出了许多问题,其中一个重要原因就是公路交通应急管理体系存在缺陷,主要包括:

(1)预案体系不健全,可操作性差。总体上看,公路交通应急领域尚未形成完善的预案体系,现有公路交通应急预案总体性、原则性要求较多,可操作性不强。

(2)补偿机制不健全,资金拨付不及时。目前,各级公路交通主管部门都缺乏应急补偿机制，不但年度预算内没有补偿专项资金，而且尚未界定补偿的范围，缺少补偿标准、方式和方法；更没有临时解决应急运输经费的预案，导致大量公路交通应急运输经费无法得到及时补偿，大大挫伤了参与公路交通应急企业及相关救援人员的积极性，制约了应急保障长效机制的建立。

(3)应急基础薄弱，保障能力有待加强。首先，公路交通应急管理和专业技术人才匮乏，缺乏专业知识培训和演练，制约了应急保障能力的提高；其次，现有应急运力多为名义上的储备，缺乏长效保障机制，应急管理部门对车辆的管理控制力不足，致使危机情况下运力集结速度慢，再加上缺乏专业演练，应急战斗力不强；再次，物资储备保障不足，缺少特殊设备和专用物资的储备，缺乏专业维修救援队伍和救援设施；最后，尚未对应急集结地进行科学规划，现有公路运输站场的应急处置功能有待完善，难以满足大规模车辆集结和人员生活的需要。

(4)应急管理尚未常态化，管理体制不健全。目前，虽然各地均建立了公路交通应急管理机构，但是统一指挥、协调有序、运转高效的公路交通应急管理体制尚不健全，受经费和人员编制限制，地方公路交通主管部门尚未建立日常应急管理机构，也没有专职的管理人员。

(5)部门之间信息沟通协调不畅。由于公路交通应急相关部门之间的衔接协调不够充分，信息沟通不准确、不及时，给应急工作带来了较多困难。首先，各级公路交通应急保障机构之间缺乏沟通和协调；其次，公路交通应急与其他相关部门衔接不充分,信息不通畅,资源不共享,指挥不统一;此外,还存在公路交通应急指挥机构与需求部门信息不对称等问题。

(6)科技投入有限,应急水平不足。各级公路交通应急管理机构没有投入足够的人力、物力进行系统深入的研究,尚未建立公路交通应急管理技术的研究体系和储备机制。科技投入较少,现代化的科学技术未能充分运用于公路交通应急管理,缺乏网络化的信息管理支撑,信息共享、交互、查询、发布以及指挥手段还比较单一和落后,应急保障的科技水平较低。

(7)法律法规有待完善。目前我国关于公路交通应急管理的法律还不完善,从应对突发性自然灾害和公共卫生事件的情况来看,公路交通应急主要依靠地方政府行政职能和在群众自发基础上的运作。由于缺乏系统的法律规范和约束,征用民力的效率不高;同时,在应急处置中与法律法规冲突较多,安全和责任风险较大。

这些现实问题对我国公路交通应急管理体系提出了挑战。从危机事件应对过程中暴露的各种问题来看,当前急需研究公路交通应急管理体制,改善与健全公路交通应急机制,进一步提高公路交通应急保障能力。同时,我国近年来对危机管理的研究主要集中在对非典、禽流感等公共卫生事件类型上,这些都是在公路交通通道比较畅通的情况下实施应急的,因而学者们很少把公路交通作为一个独立的系统工程来研究。2008 年以来,汶川、玉树两次重大地震的救灾实践显示,因公路交通通道被地震灾害严重毁损,开展公路交通应急障碍重重，但作为抢险救灾的生命线工程，公路交通应急又发挥着不可替代的重要作用，因此急需研究构建高效、合理的公路交通应急管理体系。

1.3　研究的必要性

交通运输部发布的《2010 年公路水路交通行业发展统计公报》显示，截至 2010 年底，全国公路总里程达 400.82 万公里。其中，国道 16.40 万公里，省道 26.98 万公里，县道55.40 万公里，乡道 105.48 万公里，专用公路 6.77 万公里，村道 189.77 万公里。公路技术等级和路面等级进一步提高。全国等级公路里程330.47 万公里，其中二级及以上高等级公路里程 44.73 万公里。按公路技术等级分，各等级公路里程分别为：高速公路 7.41 万公里，一级公路 6.44 万公里，二级公路 30.87 万公里，三级公路 38.80 万公里，四级公路 246.95 万公里，等外公路 70.35 万公里。2010 年底，全国高速公路突破 3 000 公里的省有 11 个，分别是：河南（5 016 公里）、广东（4 839 公里）、河北（4 307 公里）、山东（4 285 公里）、江苏（4 059 公里）、湖北（3 674 公里）、陕西（3 407 公里）、浙江（3 298 公里）、辽宁（3 056 公里）、江西（3 051 公里）和山西（3 003公里）。《国家高速公路网规划》中规划了 7 条首都放射线、9 条南北纵向线和 18 条东西横向线，简称为“7918 网”，截至 2010 年底，国家高速公路网总体已实现“东网、中联、西通”的目标。应该说，通过最近十几年高等级公路的全面建设，我国高速公路的密度不断提高，公路网规模逐渐扩大，截至 2010 年底，全国公路密度为 41.75 公里/百平方公里，通达深度也进一步改善。特别是在东部地区，一些省份的公路网水平已接近发达国家的水平。

大规模的公路建设促成了公路网的形成，但目前的公路交通应急能力有限，还不能在危机发生时应对自如。例如，2008 年初春运期间，发生在南方各省市的雨雪冰冻灾害导致了严重的交通拥堵和一系列重大交通事故，部分高速公路也因此不得不关闭。而得不到及时疏散、救援的车辆、物资和人员，更进一步加大了旅客、货物滞留，使得资源浪费，生命受到威胁，经济蒙受巨大损失，对我国的公路交通应急形成了严峻的考验，同时也提出了更加紧迫的要求。为适应我国公路网建设的发展，有效利用、发挥现有公路交通设施整体效能，有必要适时、甚至超前地研究应对危机事件的公路交通应急问题，尤其是有必要研究公路交通应急敏捷性的问题。

频发的危机事件对我国进行及时、有效的公路交通应急提出了很高的要求，同时也带来了极大的不可预知风险。科学完整的管理体系是公路交通应急有效组织的基础。目前，无论是从战略认识层面还是战术操作层面，我国都缺乏科学、系统、高效、经济的公路交通应急管理体系来支撑政府应急管理体系的有机运转。在我国理论研究领域，对公路交通应急管理体系的架构和运行只有理论概念的提出，并未深入。此时，若能对公路交通应急管理体系进行构建，对其运行规律进行深入研究，对管理体系的敏捷性进行科学评价，将关系到切实提高我国公路交通应急能力，保障战争与突发事件应对工作的顺利进行，具有重要的理论和现实意义。

1.4 研究的现状

国内的公路交通应急理论研究主要集中在交通战备、应急物流和应急运输领域。

1.4.1 交通战备

《国防经济大辞典》将交通战备定义为保障战时交通运输通畅所进行的准备，包括工程技术、组织指挥、物资储备、运力动员和科研训练等的准备措施。它是战争准备的重要组成部分，对战争进程和结局具有重要影响。《军事大辞海（上）》将交通战备定义为在交通方面所做的适应战争需要的准备，包括拟制战时交通保障计划，进行战场交通网和交通防护工程建设等。以上定义都将交通战备功能界定为应对战争。

2006 年，温家宝总理在全国交通战备工作会议上提出了交通战备应实现“战时应战、急时应急、平时服务”的要求。自此，学术界对交通战备参与应急救援工作进行了深入研究。如，闫彬、李畅（2009）指出各级交通战备部门在我国南方出现的雨雪冰冻灾害面前，以及“5・12”汶川大地震抢险救灾行动中，紧急动员，积极参与，紧密配合，大力协调军地交通保障力量，为夺取抗灾救灾的胜利做出了重要贡献。吕芝祥、谭纪全、陈宝锋（2010）提出了交通战备工作应对多种安全威胁，完成多样化军事任务，应对非传统安全威胁。针对近年来由突发事件和重大灾害造成的人员伤亡、经济损失和社会影响呈现日益加重的趋势，杨希锐(2008)提出关于国防交通战备应急保障建设的初步思考。周永龙(2009)认为，汶川地震发生后，举国上下全力救援，犹如应对一场现代局部战争。许多省、市交通战备部门临危受命，紧急调用社会车辆，运输各种活动板房、彩钢板及工程机械设备，圆满地完成了救灾物资的运输任务。分析总结此次应急运输保障实践，给国防交通应急应战建设带来诸多思考和启示。

1.4.2 应急物流

2003年"非典"结束后，国内学者对应急物流关注程度越来越高。欧忠文(2004)提出了应急物流的研究内容，包括：基本问题，应急物流保障机制，应急物流快速保障技术平台的构建，应急款项的筹措与管理，应急物资的筹措与采购，应急物流中心的构建，应急物资的储备，应急物资的运输与配送。王丰(2005)将应急物流的内容进行了扩充，认为还应包括应急物流体系、组织指挥、决策支持、预案编制与演习、力量研究、管理能力评价体系、应急物流安全等内容。

谢如鹤、邱祝强(2005)较早地开展了应急物流体系的研究，他们认为应尽快建立应急物流体系，并指出应急物流成功运作的关键是组织保障、信息保障和交通保障体系；谢如鹤、宗岩(2005)认为应通过建立应急物流指挥中心、应急物流信息平台和配送体系来构建我国的应急物流体系，以实现高效、准确、可靠的应急物资供应；杨锋、娜仁高娃(2008)分析了我国应急物流体系的现状，指出了现有自然灾害应急物流体系存在的问题；徐东、黄定政（2008）总结了应急物流体系的内涵，认为应急物流体系是为保障应对突发公共事件的物资需求，以时间效益最大化和灾害损失最小化为目标，由信息管理、组织机构、政策法规、理论技术、应急物资、设施设备、专业人员等有关要素相互联系、相互制约而构成的特种物流系统；陈方建（2008）从保障系统、指挥系统、信息系统和配送系统四个方面提出了建设应急物流体系的建议；余朵苟、何世伟（2008）尝试性地提出了应急物流体系的运作框架和保障机制；魏际刚、张媛（2009）和孙悦（2009）等学者均探讨了加快应急物流体系建设的对策与措施；刘小艳（2010）提出应该完善应急物流通道建设，构建应急物流配送系统，提升应急物流运作能力，加强应急物资储备体系建设，重视应急物流信息系统建设，加强物流法规建设，加强应急物流知识普及和预案演练等。而对于应急物流管理体系的研究则较少进行，只有潘淑清（2008）基于我国目前应急物流管理中存在的主要问题，提出了建设我国应急物流管理体系的一些建议；以及云俊、程琦（2009）提出了自然灾害应急物流管理体系的内涵和构成，分析了构建自然灾害应急物流管理体系的理论和现实意义，指出了构建自然灾害应急物流管理体系急需解决的主要理论问题。

1.4.3 应急运输

对于公路交通应急运输体系的研究，虞明远（2007）对公路交通应急保障机制进行了研究，提出了应急运输通信与信息保障、应急运输装备与队伍保障、技术支撑保障、危机决策机制保障、宣传培训与演练保障、社会动员机制保障、公共财政应急机制保障、法律机制保障等 8 个方面的保障要求。谢素华(2008)提出了构建我国公路交通应急及运输保障体系的措施与建议。如,加快公路交通应急体系建设步伐,加快交通应急机制的建设步伐,加快应急交通预案建设与预案演练工作,加快应急运输队伍建设,强化应急运输保障体系,规范应急响应工作流程,建立并完善公路交通应急管理技术支撑体系,建立以国家财政为保障的补偿机制等。周学农(2009)对公路交通应急运输体系也提出了诸如预案、人员、物资、财政等保障建议。肖殿良、田宇佳(2009)结合我国公路应急运输保障体系发展的现状和问题,提出了完善公路交通应急预案体系,加强应急管理机构和应急保障队伍建设,健全应急管理机制和法规体系,构建全国统一的公路交通应急数据库和应急指挥信息系统,形成以政府为主导的专业化、社会化相结合的公路应急运输保障体系,实现交通应急管理工作的常态化管理。李静、安实、崔建勋(2009)在总结了发达国家成熟经验的基础上,分析了我国当前在道路交通应急保障体系建设、应急保障基础理论研究、应急智能交通技术应用以及应急保障队伍建设和资金投入等方面存在的突出性问题,最后给出了建立道路交通应急保障体系的建议。

1.5 研究的问题

公路交通运输覆盖范围广、通达程度深、时效性强、机动灵活等特点决定了它在应对战争、自然灾害、事故灾难、公共安全等危机事件中发挥着基础性和不可替代的重要作用。与铁路、民航、水路等运输方式不同,公路运输尤其是公路货运的市场化程度高,市场主体经营分散,车辆流动性大,运输组织难度大。因此,如何适应市场化要求,建立完善公路交通应急管理体系,形成长效保障机制,提升敏捷性,是关系国家经济社会发展全局和人民群众生命财产安全的大事,确实有必要对其进行深入地研究。

国内学者对交通战备、应急物流与应急运输有一定的研究,遗憾的是,对公路交通应急研究较少,尤其是公路交通应急管理体系研究几乎就是空白,只有一些相关性、入门性的研究。如,刘娜(2006)给出了公路交通危机管理初步定义,即公路交通危机管理是指"大范围的交通堵塞、重特大交通事故、公路及相邻区域的治安事件等,既严重地干扰正常的交通秩序,又有可能产生极大的社会危害及严重影响公路交通安全畅通的重大灾害性事故,进行预警和快速反应处理,负责信息的上报发布和各应急保障部门之间的协调,对不同情况下公路交通危机事件采取不同的解决方案"。

因此,有必要对公路交通应急管理体系进行系统地、深入地研究与分析,找出公路交通应急管理问题与应对方法。

第2章 公路交通应急理论基础与内容构成

2.1 公路交通应急理论

2.1.1 公路交通应急的背景与要求

(1)交通运输与国民经济发展的关系

欧文(Owen,1987)在其著作中列出了一些国家人均国民生产总值水平和在这些国家中生活的人们所享受的运输流动性(表现为每年汽车、铁路、航空的旅客英里数、铁路英里数、载货汽车数等),数据清楚地指出了国民经济发展与交通运输两者的关联性,但对两者之间的内在因果关系却没能阐释清楚。我国学者普遍认为,国民经济增长与交通运输发展是相互影响的,一方面,交通运输的发展可以推动国民经济的增长;另一方面,国民经济的增长也会带动交通运输的发展。交通运输产出增长所引起的国民经济增长效应可以称为"推动效应",而把国民经济增长所带动的交通运输产出的增长效应称为"拉动效应"。

交通运输在促进国民经济发展方面主要有以下四个作

用:第一,它是生产过程中的一种要素投入,使商品和人员能在生产和消费之间流动。由于这种流动大部分发生在农村和城市之间,它能把货币经济扩展到农业部门。第二,交通运输的改善通过改变要素成本改变生产可能性函数,特别是它可以与生产过程密切联系,协调产品库存水平。第三,提高流动性,使生产要素尤其是劳动力能转移到可以发挥他们最大生产效用的地方。第四,交通运输可以增加个人的福利,使他们接触到更大范围的社会设施,还可以提供更好的公共物品,更大的社会内聚性和强大的国防。

(2)公路运输在综合运输体系中的地位和作用

中国统计年鉴(2010)的数据表明,在公路、铁路、水路、航空和管道等5种运输方式中,公路交通在货运量、客运量、货物周转量、旅客周转量方面占整个交通运输体系比重较大,并且从1980年起呈大幅度上升的趋势,说明其在国民经济中具有不可忽视的作用。同时,公路是联系铁路、航空、水路、管道等其他运输方式的重要手段,其他运输方式正常运转在很大程度上要依赖公路运输来实现,由此也可判定公路交通在综合交通运输体系中具有重要的地位和作用。

根据交通运输部行业年鉴(2009)可知,1998~2008年,公路交通在客运量、旅客周转量、货运量、货物周转量方面呈逐年增长态势,相关数据如表2.1所示。

(3)公路及公路交通运输的特性

公路是联结城市之间,提供机动车辆通行的主干道路,其特性主要是通过公路交通运输特性表现出来的。公路建设最直接的目的就是为了公路运输,公路运输的特性表现为

公路交通 1998 ~ 2008 年相关数据　　表 2.1

年份 (年)	公路客运量 (万人)	公路旅客周转量 (万人)	公路货运量 (万吨)	公路货物周转量 (万吨公里)
1998	1 257 332	59 430 000	976 004	54 834 000
1999	1 269 004	61 992 000	990 444	57 243 000
2000	1 347 392	66 574 200	1 038 813	61 294 000
2001	1 402 798	72 071 000	1 056 312	63 304 000
2002	1 475 257	78 060 000	1 116 324	67 830 000
2003	1 464 335	76 960 000	1 159 957	71 000 000
2004	1 624 526	87 484 000	1 244 990	78 410 000
2005	1 697 381	92 921 000	1 341 778	86 932 000
2006	1 860 487	101 310 000	1 466 347	97 542 476
2007	2 050 680	115 070 000	1 639 432	113 550 000
2008	2 682 114	124 761 000	1 916 759	328 682 000

以下几个方面：

①机动灵活、适应性强。公路运输方便快捷，是短途运输的主力，也可以承担部分长途运输，无论是零星货物还是大宗货物都可以用汽车来运输。

②可以实现“门对门”的直达运输。公路运输可深入到城市和乡村的各个角落，做到取货上门、送货到家，真正实现从发货人的仓库门口运送到收货人的仓库门口。

③运输途中不需要换装作业，适运距离内运送速度快。公路运输没有待运时间，中途没有时间耽搁，直达快速。

④具有较强的公用性和开放性。企业、个人都可以拥有相应的运载工具，利用公路来运送货物，而其他运输方式的运载工具和基础设施一般都是专用的。

⑤与其他运输方式比较而言,公路运输在初期投资少,资金周转快、回收快,资金调度和设施转移的自由度也较为方便,相对其他运输方式来说技术要求较低,进入门槛也低,受到破坏后恢复也较容易。

(4)公路交通运输体系

公路交通运输体系是指公路网络、汽车及其他运输工具、站场及其他设施等硬件部分,经营组织、管理、信息等软件部分,以及服务对象(客、货流系统)共同组成的一个有机整体。其功能是安全、经济、迅速、准时地把人和物送到目的地。

(5)公路交通管理体系

为了确保公路运输体系灵活有序地运转,取得良好的经济效益,就必须建立一套完整的公路交通管理体系,通过对参与者制定统一的行为规范,进行统一调控管理,理顺体系内部的各种关系,并实施一定的管制,达到对整个公路交通运输体系的合理组织管理。

2.1.2 公路交通应急的内涵、主体和对象

交通应急,即政府行政主管部门采取紧急措施,由平时状态转入战时或应对突发事件状态,统一调动交通设施、载运工具及有关的人力、物力资源,以保障交通需求的一系列活动。本书将公路交通应急定义为:国家为满足战争和应对突发事件的公路交通保障需求,有计划、有组织地提高公路交通系统的应变能力,使公路交通系统由常态到非常态再到常态所进行的一系列活动。包括常态下公路交通应急准备、

非常态下公路交通应急实施、常态下公路交通应急恢复的整个应急过程中所进行的全部活动。

公路交通应急活动属于政府行为,政府作为公路交通应急的主体,将市场、经济、行政、计划手段作用于应急对象,目的是使应急对象能为战争和突发事件应对提供充足的公路交通保障。其中,公路交通应急的主体是发动或组织应急活动的公路交通主管部门。公路交通应急的对象是被应急主体发动及组织参与公路交通应急活动的个人、企业及相关组织机构。

2.1.3 公路交通应急的作用

公路交通应急主要有以下几种作用:

(1)军事保障作用。战争是最为迫切的紧急状态,对公路交通应急要求极高,尤其在战争前期,人力、物力资源运输需求量大,时间要求紧迫。从某种意义上来说,没有高效的公路交通应急保障,现代战争将无法取得胜利。

(2)非军事保障作用。主要侧重于通过公路交通为自然灾害、事故灾难等突发事件提供公路交通运输保障。近年来,我国突发事件频繁,给国家和人民造成了重大损失。由此,如何在危机发生后快速实施公路交通应急,保障公路交通运输生命线工程,将危机造成的损失减少到最低限度,已成为党和政府以及广大人民群众普遍关注的一个重大问题。

(3)实现交通应战与应急转换,提高经济资源快速转换效率。公路交通应急可以实现国防领域和国家经济领域资源的合理配置,使国防建设和经济建设协调发展,提高资源的利用效率。公路交通应急活动能推动国防建设和经济建设走“军民兼容、平战结合”的道路,有利于保障资源在国防建设和经济建设之间合理流动,有利于国防和经济建设相互促进,共同发展,形成有机整体,达到平时以经济建设为中心协调发展、急时以突发事件应对保障为中心、战时以战争需要为中心进行全力保障的效果。

2.1.4 公路交通应急的需求特点

公路交通应急保障主要有以下需求特点:

(1)突发性:是指公路交通需求发生时间的不确定性,即战争和突发事件所发生的时间很难在事先进行准确预测,对公路交通保障相应的要求也很突然。这是非常态下公路交通需求区别于常态下公路交通需求的一个显著标志。

(2)随机性:是指战争和突发事件发生后产生的公路交通需求的种类、数量、地点都存在着很大的随机性。

(3)时效性:是指由于非常态下公路交通需求的突发性和随机性,决定公路交通应急保障不能像常态下按部就班地提供服务,而是要求在需求产生后的极短时间内,快速组织提供所需的公路交通保障,超过时限就可能会失去它应有的作用。

(4)公益性:是指公路交通应急的目的在于提高保障活动的社会效果,因此具有提供公共产品的性质,这是它不同于一般公路交通的主要特点。

2.1.5 公路交通应急的过程及其内容

公路交通应急活动由公路交通应急准备、实施和恢复三阶段组成，这三阶段相互联系、相互作用，构成了公路交通应急活动的一个完整生命周期。公路交通应急准备的目的在于培养潜力，从而增加公路交通应急实施时的供给能力。公路交通应急平时准备是否充分，是急时能否迅速、高效地实施公路交通保障的关键。公路交通应急实施是把公路交通应急潜力转化为现实保障力的关键，其实施方法和措施是否得当，直接关系到公路交通应急经济效益和应急成本大小。公路交通应急恢复活动快速进行是公路交通应急能力得到快速恢复的重要保证。

(1)公路交通应急准备，主要包括以下内容：

①应急法规、计划的制定和预案编制。应急法规是关于规定国家、部门、企业及个人在公路交通应急活动中的责任、权利和义务的一种法律规范，也是应急主体和应急对象在应急活动中应当遵守的行为规范。应急计划主要为应急准备提出要求和指明方向，范围包括应急潜力建设和能力建设。在计划实施时，应按市场规律和价值规律办事，既保证应急计划的执行，又不影响被应急企业的正常发展。预案是为了满足战争需要和应对突发事件，预先制定的非常状态下应急实施方案。预案编制应以战争需求和突发事件需求为牵引，建立在较强针对性和可操作性的基础之上。

②企业应急准备。企业应急准备是指为保障战争需求和应对突发事件，有计划、有组织地发动或组织企业参与，提高企业军民兼容程度和增强企业应变力的活动。企业应急准备包括人力、物力、财力和科技应急准备，其核心是企业物力应急准备。企业物力应急准备是企业直接使用运输车辆、

公路养护与维修设备或经过改造，为保障战争需求或应对突发事件提供公路交通运输保障。

③组织应急演练。应急演练是指通过模拟非常状态，使演练对象的各项工作按照战时或突发事件应对时的实际工作步骤和方式进行训练，目的在于提高公路交通应急主体的组织实施能力和被应急对象的快速反应能力。应急演练是和平时期公路交通应急准备的重要内容之一，开展公路交通应急演练，有极其重要的意义：既有利于检查和平时期公路交通应急准备的情况，发现问题，找出薄弱环节，不断改进工作；又有利于模拟战时或急时公路交通应急实施，促进公路交通应急资源整合，增强快速反应能力和应急准备的针对性与有效性。

(2)公路交通应急实施，主要包括以下内容：

①对公路交通工具征收、征用。征收是指为了公共利益的需要，国家把私人所有的财产强制征归国有。征用是指为了公共利益的需要，国家强制性地使用公民私有财产。征收、征用公民私有运输工具可以达到快速实行公路交通应急的效果，但征收、征用要依法进行补偿。

②应急企业参与提供公路交通运输保障。根据应战、应急的级别和规模，将公路交通运输、养护、维修企业活动全部或部分由平时状态转为非常状态，目的是为应战和应急提供所需的公路交通运输保障。

③组织实施公路交通运输应急保障。应战和应急中筹集的物资只有及时运送到战场或应急地才能发挥其应有的效用，由此公路交通应急的运输保障环节至关重要。应急主

体要及时组织运输力量，通过科学决策优化运输路线，采用有利手段协调各方面的关系，谋求以最短时间和最小成本将人员、物资通过公路交通运送到目的地。

(3)公路交通应急恢复，主要包括以下内容：

①及时进行应急补偿。所谓应急补偿，就是应急主体向被应急的个人、企业进行经济补偿，以补偿个人、企业在应急活动中的损失。国家安全属于"公共产品"，个人、企业通过被征收、征用工作为应战、应急提供相关产品，为国家安全做出了贡献，由此产生的费用不应该由个人、企业承担，应由应急主体即政府，代表全体公民向被征用的个人或企业进行经济补偿，以弥补他们在征收、征用中造成的损失，从制度上保证公平。

②应急补偿应具有明确的法律依据。我国《国防法》第四十八条指出"国家根据应急需要，可以依法征用组织和个人的设备设施、交通工具和其他物资。县级以上人民政府对被征用者因征用所造成的直接经济损失，按照国家有关规定给予适当补偿。"同时，第五十五条又指出"公民和组织因国防建设和军事活动在经济上受到直接损失的，可以依照国家有关规定取得补偿。"这些条款是国民经济应急补偿制度建立的基本依据，但具体补偿的内容以及补偿数额尚没有详细规定。

2.2 敏捷理论基础

敏捷和敏捷性是敏捷理论中最基本的概念，要正确理解敏捷理论的深刻内涵,应首先理解敏捷和敏捷性的含义。

2.2.1 敏捷及敏捷性

(1)敏捷

敏捷(Agility)从字面上来解释,是指动作迅速而灵敏。在英语中,敏捷的基本含义是聪明、机智、快速、灵活。按照《现代汉语词典》(第五版)的解释,敏捷的基本含义是指(思路、动作等)迅速而灵敏,包括三层意思:①行动迅速而协调;②头脑聪明、机警,能迅速思考,做出决断;③灵活、活泼。

作为管理学的一个科学概念,敏捷的内涵十分丰富,它涵盖了与当今快速变化的竞争环境密切相关的一系列新概念。美国敏捷论坛(Agility Forum)战略研究部主任 Rick Dove 对敏捷的解释更具体化,他认为:敏捷可以与产品的生命周期联系起来表示快速;可以与大批量个体化生产联系起来表示适应性;可以与动态联盟联系起来表示畅通的供应链和各种方式的联系;可以和再工程联系起来表示生产过程的不断改进;可以和一个具有自学习、自调整能力的组织形式联系起来表示系统的自主或自适应;也可以和精良生产联系起来表示更高的资源利用率。从管理学角度,敏捷的概念与企业的行为联系较为广泛,指企业在一个持续变化、不可预见的环境中,能够驾驭变化的环境,通过不断地自我调整,从而快速、积极、有效地响应市场变动,满足顾客需求,并在竞争中赢得优势的能力。

(2)敏捷性

目前,国内外许多学者从管理学的角度在敏捷概念基础上对敏捷性进行了定义，但相关的界定几乎都是基于企业层面的。以下是敏捷性比较有代表性的几个定义：

①Rich Dove 的定义：敏捷性是一种在无法预测的持续、快速变化的竞争环境中生存、发展并扩大其竞争优势的战略竞争能力，是企业驾驭变化的能力，它允许企业以高速方式、低耗地完成它需要的任何调整，同时还意味着高的开拓能力和创新能力。此定义强调敏捷性是企业驾驭不确定性的战略能力。

②Paul Kidd 的定义：敏捷性是一种对变化、不确定和不可预测的环境有效反应的核心能力。此定义强调敏捷性是一种应对不确定性的核心能力。

③Y. Y. Yusu 等认为，敏捷性是在快速变化的市场环境中，通过资源重组的一体化和丰富知识、技术环境中的实践来为顾客提供具有购买驱动力的产品和服务，并进一步将敏捷性分为个体敏捷性、企业敏捷性和企业之间的敏捷性三个层次水平。此定义强调通过资源重组来实现顾客价值。

实质上，敏捷性是企业动态灵活地、可重构地、集成地、快速地响应市场变化的能力，它包括以下内涵和特点：第一，敏捷性需要依靠系统整体敏捷才能实现。只有企业系统的各要素和各环节均实现了敏捷性，并形成了一个有机的敏捷系统，敏捷性才可能实现。第二，敏捷性反映系统的一种能力属性，主要表现为系统及其组成要素能力的敏感性、快速性和创新性。敏感性即响应、决策、行动的敏锐性；快速性即在最短的时间内响应、决策、行动的属性，包括快速研发、生产和交货等；创新性即通过重组内外部资源和能力实现客户的需要。第三,敏捷性也体现了动态性和开放性。它既要求对个人和组织绩效的不断关注、对产品和服务价值的不断关心、对不断变化的顾客机会内涵的一贯专注,要求持续的变革,要求企业和员工学习任何他们需要了解的新事物,又要求能够快捷地与外部实体间动态地交换能力和资源。第四,敏捷性集中表现为系统及其组成要素的可重构、可重用和可扩充性。

2.2.2 公路交通应急敏捷性

尽管以上关于敏捷性的论述是针对制造业领域提出的,但其所面对的复杂多变、瞬息万变的市场状况,与公路交通应急的需求具有一致性。公路交通应急要求在突变的环境下,集中所需的资源,低耗、快速地完成任务,这也正是敏捷性的集中体现。当然,公路交通应急需求除具有复杂性、速变性外,还具有紧迫性。敏捷理论思想内涵——灵活、经济、系统、协调,则是公路交通应急活动的基本要求。所以,敏捷及敏捷性的概念对公路交通应急具有深层次的借鉴意义。

公路交通应急的核心任务在于资源的调动,目标是通过满足保障需求实现公共安全,这其中就涉及很多技术问题,如,沟通供需双向信息、选择技术路线和管理系统敏捷性等,都还缺乏体制和机制上的保障。通过柔性化的体系结构设计弥补以往公路交通应急模式的局限性,在复杂环境条件下具有较强的适应能力,能够主动监测环境变化,适应需求变化,调整应急策略,动态地优化资源配置方式,快速、经济地满足公路交通应急保障需求。其核心理念就是提高危机条件下的自适应能力，通过增强自适应能力实现公路交通应急管理系统的敏捷性，体现在快速性、稳定性、适应性和经济性方面。

2.3 公路交通应急管理体系敏捷性分析

公路交通应急核心目标是如何为战争和突发事件提供人力、物力资源，研究对象为由政府和企业组成的管理体系。公路交通应急研究的内容既宏观又微观，有其自身的运行和发展规律。公路交通应急管理体系敏捷性的研究需要揭示自身客观规律，不仅要关注公路交通应急的结果，更要关注引起这些结果的本质与机理。因此，本书为了揭示公路交通应急的机理和本质，提出其敏捷性的要求，尝试构建公路交通应急管理体系。

2.3.1 公路交通应急敏捷性核心理念

公路交通应急是应对难以预测、不确定需求环境的有效手段，是指公路交通应急管理体系为应对危机变化不断实现自我调整，以动态优化的形式配置资源，快速、低成本地满足战争和突发事件引发的公路交通需求，其蕴涵的核心理念如图2.1所示，主要包括以下内容：

(1)快速性。公路交通应急强调在最短的时间内将战争或突发事件所需要的人力、物力投放到合适的、需要的地点。及时、充分的运输保障是取得战争胜利的基本条件，同时，在最短的时间内为突发事件提供需要的物资，可以有效地处理突发事件,最大限度地减少国家和人民群众的生命财产损失。

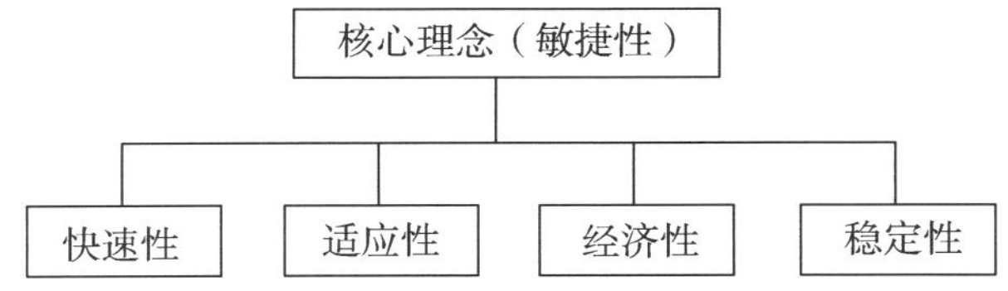

图 2.1　公路交通应急敏捷性核心理念

(2)适应性。现代高技术战争的物资需求具有高消耗性、种类多样性的特点,而且需求瞬息万变,这些特点要求公路交通应急只有具备一定的适应性才能满足物资的可靠供给。同时,战争和突发事件会对原有的公路交通运输通道造成破坏,公路交通应急应具备快速重构的能力,通过及时组织抢修抢运,迅速提供新的供给,满足应急运输保障需求。

(3)经济性。公路交通应急并不是一味地强调时间而不顾代价,而是主张在可以满足需求的情况下尽量降低成本。强调应急规模以所调用资源能够满足战争和突发事件的客观需求为尺度;应急速度以提供随时随地的适时保障为标准;应急地域在适应战争或突发事件需要的基础上,尽可能控制在最小的范围内。

(4)稳定性。人力、物力的稳定供给是公路交通应急的重要标志,没有稳定性,公路交通应急将会极大地影响保障效果,快速性、适应性、经济性成果也将化为乌有。

2.3.2　公路交通应急管理体系构建内容

完整的公路交通动员管理体系应由组织指挥、运行实施、资源保障、决策辅助和信息支撑五个子体系组成,如图

2.2所示。

(1)组织指挥子体系:包括公路交通应急决策机构、指挥协调机构、预警咨询机构和监控反馈机构。该体系涉及公路交通应急运行需要的组织架构、部门职责、工作流程、人员编制等。权威、高效的应急组织指挥机构是保障公路交通应急效果的关键。其权威性可以通过法律、法规的形式赋予,而高效性必须在一定层次上使应急组织机构形态扁平化、结构形式网络化,以加快组织信息传递的速度,实现各个应急组织信息交流和共享信息资源,从而提高组织效能。

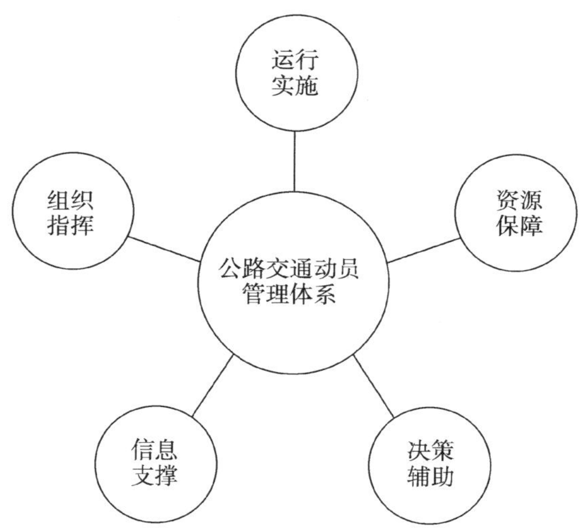

图2.2　公路交通应急管理体系组成图

(2)运行实施子体系:指公路交通应急体系各组织部分之间相互作用的过程和方式,包括快速反应、政府协调、全民参与、"绿色通道"、预警管理机制等,是公路交通应急工作效率和运行效率的无形基础。

(3)资源保障子体系:指公路交通应急体系运作需要的各类物资、人员、装备、技术、运载工具、运输通道等有形资源组成的基础支撑体系。该体系是有效实现公路交通应急目标的综合资源保证。

(4)决策辅助子体系:由公路交通应急相关的各项法律、政策、规范、预案等构成,是公路交通应急管理体系构建的依据。它授予公路交通应急决策机构在危机应对时的充分决策权,授予公路交通应急指挥协调机构和执行机构全面处置权,为公路交通应急在危机应对时提供及时可靠的法律和政策保障,并规定和约束着公路交通应急流程和方法。

(5)信息支撑子体系:指为满足在危机应对时公路交通应急运作需要,政府部门给公路交通应急体系中各类用户提供的信息交互、共享服务的开放式平台。它通过对公路交通数据的采集、分析及处理,为公路交通应急参与各方提供基础支撑信息,满足信息需求,支撑公路交通应急信息系统功能的实现。

完整的公路交通应急管理体系由组织指挥、运行实施、资源保障、决策辅助和信息支撑五个子体系组成,当前需要研究的是:我国公路交通应急管理体系现状如何?与发达国家公路交通应急管理体系的差距在哪?建立健全的目标、方向与重点工作在哪?如何通过公路交通应急管理体系的完善来更好地提高公路交通应急工作的效果与效率,更好地提升其敏捷性?

第3章 构建公路交通应急管理体系的实践动因

公路交通应急管理体系是指为应对危机而建立的公路交通保障工作体系，按其内部结构可以划分为组织指挥、运行实施、资源保障、决策辅助与信息支撑五个子体系，各构成子体系在公路交通应急准备、实施和恢复阶段发挥着各自的作用。建立、健全公路交通应急管理体系是当今世界各国应对危机的重要手段之一。

经过多年探索，发达国家大都形成了比较完善的、运行良好的公路交通应急管理体系，管理工作也较为科学、规范和高效。本章对美国、英国、日本、德国、俄罗斯的公路交通应急管理体系进行了分析，涵盖组织指挥、运行实施、资源保障、决策辅助、信息支撑等多方面内容，并与我国公路交通应急管理体系进行了比较研究，从而为构建与完善我国公路交通应急管理体系提供参考与借鉴。

3.1 发达国家公路交通应急管理体系的现状和特点

3.1.1 美国公路交通应急管理体系

美国是一个危机频发的国家，历史上多次遭受地震、飓风等自然灾害的侵袭，同时由于本国种族多元化和社会矛盾复杂，人为灾害也时有发生，近年来也发动了几场局部战争，如科索沃、伊拉克战争等。为应对各种危机事件，美国把应急看作是国家安全战略的重要组成部分和国家战略政策的工具，一直在不断地调整和完善其应急管理体系，以积极应对战争和突发事件，其中也包括公路交通应急管理体系。

3.1.1.1 组织指挥

目前，国土安全部是美国最高的危机管理机构，原负责紧急事务的联邦应急管理局（FEMA）于2003年并入该部。联邦应急管理局的总部设在华盛顿特区，它将全国划分为10个应急区，并在每个区都设有办事处，其工作人员直接与责任区内各州合作，协助制订防灾和减灾计划。各州政府都下设州应急管理局，负责应对本州及周边地区的突发事件。其人事、财政直接由州政府管理，一旦发生危机事件，该局有权直接调遣各相关部门人员参与处置。县、市级的应急管理部门分别是县应急处置中心和市应急处置办公室，各自负责辖区内危机事件的处理、相关专业人员的培训和安全教育等工作。

根据美国《联邦应急计划》（Federal Response Plan）的要求，公路交通运输紧急事件援助的主要负责机构是运输部，辅助机构有国防部、国土安全部、邮政管理局等。美国在国家一级设有运输部，各州有运输厅，各市县设有运输局。具体运作时将主要有运输部危机管理中心（CMC）和交通运输协调中心（MCC）参加。其中，MCC在救灾活动过程中由运输部设立并领导，平时主要负责物资储备、预测物资需求、规划物资配送路线,以及应急中心设置等工作。当危机发生时,公路交通应急组织指挥体系便会迅速转入联邦紧急反应状态,根据需求获取运输装备,跟踪运输物资的动向,指导物资的调拨配置和运输供应。

3.1.1.2 运行实施

美国公路交通应急运行实施机制的基本特点是:统一管理,属地为主,分级响应,标准运行。“统一管理”是指危机事件发生后,由各级政府管理部门统一调度指挥;“属地为主”是指无论危机事件的规模多大,涉及范围多广,都应由事发地政府负责指挥;“分级响应”则强调响应的适度规模和强度,根据危机事件的具体状况,采用不同的响应级别;“标准运行”主要是指从应急准备、实施直到恢复的全过程中,要遵循标准化的运行程序,要采用所有参与人都能识别和接受的标准。

3.1.1.3 资源保障

(1)人力资源

美国联邦进行危机援助的常规力量主要包括各种工作小组,由政府与私人部门组成,人员包括来自联邦政府及私人部门的专家,负责提供危机应对与支持。美国在资源保障体系方面特别注重建立民间社区联防体系,通过各种措施吸纳民间力量参与管理。发生危机事件时,政府组织大量的志愿者和非政府组织参与处置。这些志愿者和非政府组织在危机应对和恢复重建活动中都发挥了很大的作用。

(2)财力资源

美国的应急资金比较充裕,美国联邦应急管理局每年约有23亿美元的应急基金,近些年其年度应急资金预算已达到32亿美元。从联邦到州、郡政府都有较充裕的资金预算,资金负担上实行分级管理,各尽其责。救援资金一般是按照GDP的一定比例逐年增加的,由危机应对主管部门统一管理,结余资金可转至下一年度。联邦政府和州、郡政府除正常的救援资金预算外,当遇到特大灾害事件时,可以由政府向议会提出临时增拨救援资金议案,增加紧急救援资金。

(3)物力资源

美国《联邦应急计划》的支持职能附件明确了联邦政府机构和红十字会的资源保障任务、政策、组织构成和职责,每项职能附件都相应地规定了联邦政府的协调机构、牵头机构和支持机构,并设有物资管理的专门单位,平时主要负责救灾物资的管理储备、预测各级各类救灾物资需求,灾害发生时会迅速转入紧急状态,根据灾害需求接受和发放各类救灾物资。

在国际救灾方面,美国设有对外灾害援助办公室(OFDA),在世界范围内设有7个应急物资管理仓库。这些仓库紧靠机场、海港,存储基本的救灾物资,如毯子、塑料薄膜、水箱、帐篷、手套、钢盔、防尘面具、尸袋等。一旦某个地区发生重大危机,OFDA就会从距离最近的仓库调拨救援物资送至灾区。

3.1.1.4 决策辅助

(1)法律与法规

美国在应急管理方面,已经形成了以联邦法、联邦条例、行政命令为主体的法律体系。联邦法规定应急任务的运作原则、行政命令定义和授权任务范围,联邦条例提供行政上的实施细则。1959 年制定的《灾害救助法》是美国第一部有关联邦灾害援助的综合性法律。随后,国会于 1968 年通过《国家洪灾保险法》、1974 年通过《灾害救助和紧急援助法》、1977 年通过《地震救灾法》。“9·11”事件发生后,美国又编制了一系列计划、政策和指导方案,包括《国家响应计划》、《全国突发事件管理体系》、《短期国家基础设施保护计划》和《短期国家应急准备目标》等。这些法律法规详细地规定了联邦各部门在应对危机中的责、权、利,明确划分了各级政府之间的职责,以及联邦财政支持的比例、联邦介入重大危机救助的程序等问题。

(2)预案与计划

美国拥有比较完善的应急预案体系。美国的全国性应急预案是作为联邦基本法的《联邦应急计划》。该计划适用于任何重大的自然灾害、技术性灾害和紧急事件,包括地震、风暴、洪水等。该计划具体阐述了危机应对中的政策与计划设计的前提、运作纲要、应对和恢复行动,以及联邦政府各个职能部门与各类机构(包括美国红十字会)的职责。

美国在应战方面制订各种应急计划已达 20 余类 40 余种,核心是以下 3 个总计划——《国家战略目标计划》、《战略能力计划》和《国家紧急应急计划》。在此基础上,承担应急职责的各有关政府部门编制各自的应急计划,如《联邦政府应急计划》、《应急处置计划》及《战时经济应急计划》等,形成完善的应急计划体系。

3.1.1.5 信息支撑

美国联邦应急管理局通过实施"e-FEMA"战略，建立了应急信息系统的层次结构，使各类应急信息系统的信息资源都能及时更新，促进不同系统之间的信息资源共享。目前，在美国得到广泛应用的信息系统包括：联邦应急管理信息系统（Federal Emergency Management Information System）、网络应急管理系统（Web EOC）和灾害损失评估系统（HAZUS）。

另外，美国从1960年开始建立事故管理系统（Incident Management System），作为综合处置各种突发事件的业务平台。2002年，美国国会批准了国家事故管理系统（National Incident Management System，NIMS），其实质就是一个信息交流平台，通过语音通信系统、网络信息系统、移动指挥装备、综合信息显示系统、视频会议系统等，保证信息畅通，以支持灾害处置活动。

3.1.2 英国公路交通应急管理体系

英国非常重视应急管理，针对各种危机和风险，强调事前预警和事后控制并重，并依靠训练有素的警察队伍、消防队伍、卫生救护队伍和其他专业救援队伍处置各类危机事件。20世纪90年代末期以来，随着危机形态的变化及危害程度的扩大，英国政府对其应急管理体系进行了重新审视，确定以解决指挥、控制、通信方面的问题为突破口，以强化中央层面的协调和各部门协同为重点，着力改变应对紧急状态的方式，整合各方面应急资源，增强应对危机事件的合力。

3.1.2.1　组织指挥

英国主要由属地政府负责处置突发事件,中央政府只负责应对恐怖袭击和全国性的重大突发事件,包括战争。在中央层级,首相是应急管理的最高行政首长,相关机构包括内阁紧急应变小组(Cabinet Office Briefing Rooms, COBR)、国民紧急事务委员会(Civil Contingencies Commitment,CCC)、国民紧急事务委员会秘书处(Civil Contingencies Secretariat, CCS)和各政府部门。其中,COBR 是政府应急管理的最高机构,面临非常重大突发事件时才会启动,具有应急的最高权力;CCC 向 COBR 提供咨询意见,并负责监督中央政府部门应对紧急事态的状况;CCS 负责应急管理日常工作和在紧急情况下协调跨部门、跨机构的应急行动,为 CCC、COBR 提供支持。在地方层级,设有专门的"突发事件计划官",负责编制《突发事件应急计划》,联络辖区内应急系统各个相关部门,统筹和协调有关事务,并负责与相关部门签订援助和协作协议。

英国现行的交通管理主要职责由运输部负责,包括有关的交通政策制定、政策执行监督以及财政资助等事务。有关交通运输方面的具体事务,大都通过运输部下设的"执行局"和非政府部门的"公共团体"来完成,英国运输部现有这类"执行局"和"公共团体"20 余个。运输部平时根据紧急情况下征用民用运输力量的法规,与相关船舶制造和运输企业签订了征用合同;战时按合同征用企业的水上与陆上交通工具。并对船舶制造和运输企业的应急准备情况实施全面管理,制订了战时商船征用应急计划,平时同大型商船保持联系,一旦有事可立即征用。

3.1.2.2 运行实施

根据危机发生的严重程度和性质,英国采取分级处置模式。地方政府负责处置一般性突发事件(如交通事故)和影响当地但未波及全国的突发事件(如区域性车辆拥堵)。中央政府应对的紧急情况分为三级:一是超出地方处置范围和能力但不需要跨部门协调的重大突发事件,由相关中央部门作为“牵头政府部门”(Lead Government Department,LGD)负责处理;二是产生大范围影响并需要中央协调处置的突发事件,启动COBR,协调军队、情报机构、CCS和相关部门进行处置;三是发生大范围蔓延性、灾难性的突发事件,启动COBR,由中央政府主导危机决策,决定全国范围内应对措施。

在应急处置和恢复工作上,英国有一套极有特色的运行机制,包括三个层次:铜层、银层和金层。铜层级主要负责实施具体应急处置任务,由现场指挥人员组成,直接负责相关应急资源的使用。该层级执行银层级下达的命令,决定正确的处置和救援方式。银层级主要解决“如何做”的问题,由事发地相关部门的负责人组成,银层指挥官(Silver Commander)由各相关部门的高级官员担任,承担策略指挥的任务,可直接管控所属的应急资源和人员。该层级负责战术层面的应急管理,根据金层级下达的目标和计划,对任务进行分配,向铜层级下达处置命令,并可根据不同阶段处置任务,任命相关部门人员分阶段牵头负责。金层级主要解决“做什么”的问题,负责从战略层面对突发事件进行总体控制,制订目标和行动计划并下达给银层级。金层级由与应急处置有关的政府部门与军方的代表组成,无常设机构,但是明确专人专管、定期更换,以召开会议的形式运作。金层级可直接调动包括军队在内的各种资源,通常远离事件现场实施远程指挥。

3.1.2.3　资源保障

(1)人力资源

在人力资源方面,英国很重视对应急人员的培训。其培训工作可分为两个大类:一类是关于应急准备的培训;另一类是关于应急处置的培训。值得注意的是,英国将演习当作重要的培训手段。英国重视应急和储备社会应急力量,注重在日常生活中通过教育、培训和情景训练,增强公众的危机意识和自救互救能力;鼓励非政府组织和民间团体建立志愿者队伍。英国非政府组织和团体众多且由来已久,一部分机构还承担公共服务职能。政府把这些民间力量纳入应急管理体系,支持建立各类专业性、技能性的志愿者队伍。

(2)物力资源

在物资资源方面,英国在美国遭遇"9·11"恐怖袭击后颁布了一系列法律,其中就包括《资源条例》(Capabilities Programme)。该条例的核心内容是对现有的基础设施和资源进行监控,以便在应对突发事件时,确保稳定的物资保障。

3.1.2.4　决策辅助

英国很早就建立了紧急状态法律体系,但在"9·11"事件前,相关法律之间缺乏衔接和配合,没有发挥出应有的作用。"9·11"事件后,英国在2004年11月通过了《国内紧急状态法案》(Civil Contingencies Bill),强调预防是应急管理的关键,要求政府把非常态管理与常态管理结合起来,尽量减少灾难发生的可能,同时开展培训和演习,做好应急准备;明确规定了政府部门评估紧急状态、编制应急计划、组织应急处置和恢复重建的职责。随后,英国又陆续出台了《2005 年国内紧急状态法案执行规章草案》、《2006 年反恐法案》、《资源条例》、《2008 年反恐法案》等。根据法律规定,英国各级政府及部门还组织制订了各种应急计划,具体规定了不同紧急情况下的应对措施、程序和职责分工。其中,运输部负责起草以《道路交通法》(也称《运输法》)为龙头法的道路交通法律法规,征求"警官协会"、内务部等相关部门的意见后,提交议会通过;在此基础上,运输部发布相关道路交通法的实施细则及相关政策;最终形成指导道路交通应急管理方面的法律法规体系。

3.1.2.5 信息支撑

英国的突发事件预警工作充分利用各种传播媒介,注重发挥互联网直接、简单、快速、高效、成本低廉的传播优势,并特别强调发布的预警信息要能引起公众注意,还要特别照顾特殊受众(如残疾人、老人、小孩等)。当突发事件爆发以后,首先是政府告知公众,同时,其他受危机事件重大影响的组织,如交通、通信、能源供应等部门也要发布相关信息。各部门在预警和通报公众等信息沟通过程中密切合作,以免造成信息混乱,资源浪费。

英国中央和地方层次均有"危机事件媒体论坛"(Media Emergency Forum),它是在预警和通报公众等信息沟通过程中,政府与媒体机构之间进行合作、协调和沟通的重要平台。

当突发事件的影响波及全国时,中央政府就会成立“新闻协调中心”(News Coordination Center),以统筹全国危机事件的信息发布活动。

3.1.3 日本公路交通应急管理体系

由于特殊的地理位置以及地质条件,日本经常遭受地震、台风等危机的侵袭,是一个灾害多发的国家。因此,日本政府一直非常重视应急管理,目前已经形成了比较完善的应急管理体系,强调分级管理:一般灾害由地方政府管理,非常灾害由中央政府管理。因地震灾害频发,日本还单独规定了地震灾害应急管理办法。

3.1.3.1 组织指挥

日本由内阁府下设的中央防灾会议统一领导全国的防灾、救灾工作。该会议由首相任本部长,成员包括防灾主管大臣、其他各部大臣、指定的公共机关首脑和相关专家。中央防灾会议根据业务需要,有权向相关部门及地方管理机构、地方政府、指定公营企业、当事人等收集信息,有权对地方灾害预防委员会或地方间联合委员会的工作提供权威性的建议和指令。一旦国家发生重大突发事件,首相将担任总指挥。并且,日本政府通过《大规模灾害时消防及自卫队相互协助的协议》等手段,建立了跨区域协作机制以及消防、警察和自卫队应急救援机制,强化了中央和地方、部门与部门之间的统一指挥、分工合作机制。

日本在东京西部的立川市建立了“广域防灾据点”,该设施邻接自卫队的航空基地,拥有完备的通信设施、备用电源和其他备用物资，当东京受到突发事件的严重打击时，可以当作后备指挥中心。各都、道、府、县政府所在地也都建设了当地的“区域防灾据点”。此外，日本各重要灾害地区都已制订本地区的防灾计划，详细规划了防灾组织体系和紧急运输、重要救援物资储备以及避难所的设置等，并定期举行各种救灾演习（包括每年度的大规模地震演习）。

3.1.3.2　运行实施

日本的应急反应机制启动相当迅速。灾害发生后，日本中央政府和地方政府的协调性很强，在很大程度上提高了政府的应急能力。日本在工业、交通运输、物资储备、财政金融等领域建立了多种应急制度，包括国防工业发展和武器装备研制制度、大型运输工具登记制度、战略物资储备制度、应急基金储备制度等。政府积极与市民、企业合作，提倡“自救、互救、公救”相结合，鼓励志愿者的活动。在交通运输应对保障方面，编制灾害运输替代方案，事前规划陆、海、空运输路径。编制救灾物资作业流程手册，明确分工合作等事项；预先规划避难所，平时可作他用，一旦发生灾害，立即转成灾民避难所，并作为救援物资发放点。

3.1.3.3　资源保障

（1）人力资源

日本地方行政长官有权根据防灾计划对物资及人员进行征集和调配，同时可以命令有关业务管理者协助，如医院、旅馆等，也可以将救助工作委托给日本红十字会或其他团体及个人。日本民间还活跃着一大批以大学生为主体的志愿组织，它是日本民间防灾的重要组成部分。据不完全统计，日本各地区自发的由居民组成的社区防灾组织普及率高达70%以上。这些自主防灾组织与由大学生志愿者组成的组织沟通联动，有效地在第一时间内参与抗灾救灾。日本应急管理的目标是动员全社会力量，并让公民有能力去应对灾害，因此公众经常接受防灾教育，组织防灾演习。

(2)财力资源

在日本，救灾必需的费用由地方政府支出，国库按照该灾害地区的普通税收情况进行补偿。日本以法律形式确保应急管理的财力支撑，每年防灾预算占国民收入的5%左右。地方政府在平时设立灾害救助基金，基金额度相当于地方普通税收的0.5%。

(3)物力资源

日本的应急物资储备的典型特点是应急物资分散储备。日本许多中小学和企事业单位的仓库中都储存有大量的应急物资可供调用。一个储备点储藏的食物通常能够维持几千人一周的需要，并且定期更换，换下来的食品用作演习。另外，日本的物资储备品种多样，救灾关键物资储备量比较大。日本最重要物资(食物、饮用水及能源设施等)的储备非常出色。政府自备有发电机及可供短期发电使用的燃料，同时还备有应急工作人员的饮用水和食物。同时，日本临近的县市之间都缔结了防灾互助协定，相互救援体制保证了物资的顺利调运。

3.1.3.4 决策辅助

(1)法律与法规

日本重视危机的法制化管理应对，从机构设置到具体的对策实施一般都通过法制化手段来实现,形成了一整套健全的防灾救灾法律体系。迄今为止,日本共制定有关危机管理的法律法规200多部。

在应对突发性灾害方面,日本早在1947年就出台了《灾害救助法》,在长达60年的应急管理实践中发挥了非常重要的作用。目前,日本已经形成了完善的法律体系,包括《武力攻击事态法案》、《灾害对策基本法》、《灾害救助法》、《建筑基准法》、《大规模地震对策特别措置法》和《地震保险法》等。1995年阪神大地震发生后,日本又陆续制定了《受灾者生活再建支持法》、《受灾市街地复兴特别措置法》等法令。这一系列专项法律赋予了国家在防灾行政上强大的公共权力,明确了防灾体制及国库负担制度,并规定了公共事业单位、一般居民等防范参与制度。

(2)预案与计划

日本的应急预案体系也在不断完善中,日本中央防灾会议负责编制灾害预防基础计划,并每年对其进行评估和修改。指定的管理部门负责人根据其权限范围编制相应的灾害预防操作计划。日本的预案体系的特点是涉及范围广、考虑全面、可操作性强。

3.1.3.5 信息支撑

日本的应急管理信息系统很完善,利用现代信息技术实现了高效管理。目前,日本政府建立了先进完善的防灾通信网络体系,包括:以政府各职能部门为主,由固定通信线路(包括影像传输线路)、卫星通信线路和移动通信线路组成的"中央防灾无线网";以全国消防机构为主的消防防灾无线网，还有其他类型的“防灾行政无线网”，以及在应急管理过程中实现互联互通的防灾相互通信无线网等。此外，还有水防通信网、紧急联络通信网、警用通信网等。

除了网络系统外，日本在其他方面，不论是灾前预警还是灾后救援等方面的技术系统都在不断发展，如无线射频识别标签、临时无线基站的应用等。

3.1.4　德国公路交通应急管理体系

德国在“9·11”事件和“易北河洪灾”之后，政府对全国的民防（Civil Defense）和灾难防护（Disaster Protection）进行了深入评估，发现了联邦及各州在协调机制和其他方面存在的问题，并对本国的应急管理体系进行了进一步的完善。

3.1.4.1　组织指挥

在德国，根据《紧急状态基本法》的规定，联邦政府负责战时的民事保护，并把和平时期的灾难防护也纳入战时民事保护的任务中；而州政府负责和平时期民事保护和灾难救助。为更有效地协调联邦政府和州政府，更有效地处理全国性的突发重大灾害和紧急情况，在《民事保护新战略》（A New Strategy for Protecting the Population）的基础上，联邦政府设立了联邦民事保护与灾难救助局（BBK），作为负责民事保护、优先统筹所有相关任务及信息的中央机构，协调联邦政府各部门之间以及各部门与各州政府之间的合作。同时在内政部下设立联邦技术援助局（THW）来支持各州开展灾难救助工作。其中，BBK是隶属于内政部的负责民事保护和灾难救助的最高机构，侧重于行政管理和信息协调，而THW侧重于技术援助方面。

3.1.4.2　运行实施

德国的应急管理体系采取“以州为主,属地管理”的模式。各州是本区域应急管理的主体,通常由州内政部统筹负责应急管理工作,进行应急处置的主要力量包括消防队、警察局等相关部门及社会救援组织。市级地方政府中,通常有专设部门负责应急管理,如柏林市主管应急的机构是公共安全和秩序厅,它负责全市突发事件的预防和处置工作。在灾害发生时,首先由当地政府组织实施应急。如果灾害的影响范围比较大(如超出市政府管理范围),则在州政府的统一规划、协调和指挥基础上,成立以州最高行政长官或州内政部部长为核心的应急指挥小组,协调有关部门并邀请相关专家参与决策,统一调动政府及全社会的力量应对突发事件。

3.1.4.3　资源保障

德国救援队伍的建设非常有特色。20 世纪 50 年代以来,消防队逐渐从火灾处置专业队伍发展成应急救援的核心力量,目前德国共有约 2.7 万名职业消防队员和 130 万名消防志愿者。由于建立了良好的职业保障和培训体制,德国消防队的应急能力建设非常全面,队员专业素质很高,装备精良,实现了应急处置的标准化。一旦发生灾害,首先由消防队员和警察参加抢险。各州抢险力量不足时,可向国家内政部提出申请,经总统批准后调联邦国防军参加抢险救灾。

德国是建立民防专业队伍较早的国家,全国除有约 6 万人专门从事民防工作外,还有约 150 万消防救护和医疗救护、技术救援志愿人员。这支庞大的民防队伍均接受过一定的专业技术训练，并按地区组成抢救队、消防队、卫生队、维修队、空中救护队。德国技术援助网络等专业机构可以为救灾物资的运送和供应等方面提供专业知识和先进技术装备的帮助，并在救灾中发挥重要作用。

德国还有一家非赢利性的国际人道主义组织，即德国健康促进会，长期支持健康计划并对紧急需求做出即时反应，在危机应急管理中也发挥了极其重要的作用。据不完全统计，该组织每年通过水路、公路、航空向世界80多个国家和地区配送300多万公斤的供给品，并利用计算机捐赠管理系统，保持产品的高效率移动，一旦确定需求，供给品通常在30~60天内就会迅速运送到指定地点，避免了医药物品的库存。而一旦有灾难通知，德国健康促进会就会立即启用网络通信资源，搜集灾难的性质、范围等信息，并迅速组织救灾物品送往灾区。

3.1.4.4　决策辅助

(1)法律与法规

德国虽然没有关于应对危机事件的专门法律，但已形成以《紧急状态基本法》为基础、单行法律为支撑的法制框架，包括：

①紧急状态基本法。该法规定的联邦紧急状态包括：防御紧急状态（即战争状态）、紧急状态（防御状态前的临战状态）、内部紧急状态（内部叛乱、动乱等）以及民事紧急状态（包括自然灾难和特别重大事故），以及《经济安全法》、《食品保障法》、《供水保障法》、《劳动力保障法》、《交通保障法》、《保障铁路运输的规定》和《保障海运的规定》等法规。

②民事保护法。1997 年修订颁布的《民事保护法》进一步体现了德国应急管理的基本理念——民众的自我保护是重要的基础。法案第一条就指出:“官方的措施旨在补充平民的自我保护。”

③各州的相关法律。德国各州都制定了民事保护和灾难救助的完备法律体系。

(2)预案与计划

经过多年努力,德国已经建立了多层次、多领域、动态管理的应急预案体系。从联邦到各州以及各级机构和企业都编制了应急预案,形成了覆盖广、数量多的应急预案体系。德国对应急预案实行严格管理,应急预案要报上级有关部门审批同意后,方可实施。同时,注意应急预案的动态管理,每次演练和应急处置过程中,都有专家跟踪考察,根据相应情况组织修改和完善。

3.1.4.5 信息支撑

联邦民事保护与灾难救助局有针对性地设计了“共同报告和形势中心”(GMLZ)和“德国紧急预防信息系统”(deNIS)。成立于 2002 年的 GMLZ 是联邦应急管理的核心,负责优化跨州和跨组织的信息和资源管理,加强联邦各部门之间、联邦与各州之间,以及德国与各国际组织之间在灾害预防领域的协调和合作。

deNIS 可以在发生大规模灾难的情况下,为妥善处置突发事件提供大量信息,包括:突发事件的性质、处置方法、有效处置所需人员和可用设备的数量。由于公众和决策者的要求不同,deNIS 分为两套不同版本,即 deNIS I 和 deNIS II。

deNIS I 收集了互联网上能找到的所有突发事件的预防措施，面对全社会开放，其目的是在网上提供一个开放的信息平台，以整合网上已有的可用信息；deNIS II 则是内部信息网，在发生重大危险和损失时，支持信息快速分析。deNIS II 是 deNIS I 实施的第二阶段，升级 deNIS 的目的是在发生灾难或技术事故时，帮助联邦和州政府的决策者更好地协调处置工作。

3.1.5 俄罗斯公路交通应急管理体系

俄罗斯的应急管理与紧急救援体制、防震减灾法律法规和灾害救援队伍建设起步较早，建立了完善的应急指挥和快速响应系统，并有完备的法律法规作为支撑。

3.1.5.1 组织指挥

俄罗斯已经建立起了总统直接领导，以联邦安全会议为决策机构，包括联邦安全局、国防部、紧急情况部、外交部、联邦通信与情报署等实权部门为执行机构，既分工明确又相互协调的应急管理体系。俄罗斯应急管理的最高决策权由总统行使，安全会议是总统在国家安全方面的咨询和议事机构，为保障应急决策的科学性，俄罗斯还设有一系列决策咨询、计划和协调机构，如总统顾问委员会等。

紧急情况发生时，联邦安全会议启动紧急决策机制，安全会议秘书直接向总统汇报形势分析、预测和行动方案，总统做出最终决策后，由安全会议秘书负责贯彻执行。俄罗斯紧急情况部下设 11 个处、8 个局，并在 6 个不同地区设立了地区中心，每个中心在紧急情况部的直接领导下负责所辖地区各种灾害事故的预防和处理。联邦交通部负责交通应急工作,统一计划和领导交通运输工具的征收与征用。

3.1.5.2 运行实施

俄罗斯紧急情况部拥有包括国家消防队、民防部队、搜救队、水下设施事故救援队和小型船只事故救援队在内的多支应对紧急情况的专业力量。国家中央航空救援队拥有多种专业的救援设备和技术。

另外,俄罗斯拥有强有力的应急管理支援保障体系。该体系是处置突发事件的直接机构,其主要职责是有效贯彻中枢指挥体系决策,保证在危机事件发生以后,政府决策能够得到社会各界的有效配合。

3.1.5.3 资源保障

为提高专业人员的素质,俄罗斯建立了领导培训体系、专业救援人员培训和考核体系。俄罗斯紧急情况部下设俄紧急情况部民防学院、国家消防学院、圣彼得堡国立消防大学、伊万诺夫国立消防大学等8所教育机构。俄紧急情况部还拥有自己的科研机构——全俄急救和放射医学中心。

3.1.5.4 决策辅助

1994年,俄罗斯通过了《关于保护居民和领土免遭自然和人为灾害法》,为在俄罗斯生活的各国公民,包括无国籍人员提供旨在免受自然和人为灾害影响的法律保护;1995年通过的《事故救援机构和救援人员地位法》规定,在发生紧急情况时,联邦政府可协调国家各机构与地方自治机关、企业、组织及其他法人之间的工作,规定了救援人员的权利和责任等;1999 年制定了《公民公共卫生和流行病医疗保护法案》,主要保障公民公共卫生安全、控制流行病发生;2002 年通过的《紧急状态法》对紧急状态的各种法律问题进行了详细的规定;2006 年,俄罗斯又通过了新的《反恐法》,与《俄罗斯联邦动员准备与动员法》一起完善了俄罗斯的紧急状态法律体系。经过多年的发展,俄罗斯已经形成了较为完备的应急管理法律体系,保障应急管理走上法制化轨道。

3.1.5.5 信息支撑

俄罗斯的应急信息支撑包括反应灵敏、功能强大的信息报告体系。俄罗斯紧急情况部下设危机控制中心,负责整理、分析来自各地区的信息,提出处理建议,视情况上报总统,并分送有关部门。危机控制中心内设信息中心,建立了信息自动收集分析系统、指挥系统和全天候值班系统,2 分钟内可以将有关情况传至其他相关部门。

在建设电子政府方面,俄罗斯从 1994 年开始正式建设联邦政府网(RGIN)。目前,联邦各权力机关、政府各部门,以及地方各共和国、州、市政府机构基本都已联网,但俄罗斯有近一半的联邦主体还未能开设自己独立的官方服务器,电子政府的建设仍处在发展的初始阶段。

3.1.6 发达国家公路交通应急管理体系的特点

发达国家对基于危机背景的公路交通应急管理体系的建设非常重视,他们通过法制化的手段将公路交通运输保障计划、核心协调机构、危机应对信息网络等包容在该体系中,具有以下突出特点:

（1）基础设施齐备。发达国家建立了分散的应急仓库、避难所等应急救援物资库，这些仓库平时储放应急物资，一旦发生危机，则迅速从应急救援物资库提取救灾物资，送往指定地点；危机发生后，社会采购或接受捐赠的应急物资将统一汇集至这些仓库，分类拣选后统一配送。

（2）信息网络发达。发达国家建立了若干个以危机信息服务、应急事务处理为目标的危机信息系统、国际灾害信息资源网络等。在危机发生后，为公路交通运输保障快速、有效地实现提供了良好的信息支持。同时，建立了发达的应急物资管理系统和捐赠管理系统等信息平台，能够实时地了解和跟踪应急物资的运送状态，既保证了及时将应急物资运送到指定地点，又合理地避免了应急物资的货损。

（3）法律法规与预案体系完善。发达国家事先制定完善的法律法规和应急预案，并由政府统一负责指挥危机准备与应对工作，包括编制规划与计划、定期实施演习、开展应急演练等，保证了危机发生后及时有效的运输组织保障。

（4）有柔性的交通运输网络。发达国家根据不同类型的危机，事先规划陆、海、空运输替代路线，如，地震灾害中会伴随发生道路阻断、泥石流、滑坡等，公路交通将难以发挥机动灵活、“门到门”的优势，这时需要选择空运或海运等适宜的替代运输方案，实现救灾物资的及时运送。

（5）充分发挥民间组织的作用。发达国家都非常注重建立民间社区灾难联防体系，善用民间组织、社区、大学生等救灾力量，广泛呼吁民间的土木技师、结构技师、建筑师、医师护士等专业人士投入到第一线的救灾工作中；应急民间慈善团体参与赈灾工作，有效调查灾民需求，并建立发放物资的渠道。

3.2 我国公路交通应急管理体系的现状、主要问题及原因分析

3.2.1 我国公路交通应急管理体系的现状

随着我国公路交通部门承担危机应急保障任务的不断增多，尤其是2003年“非典”疫情发生后的几年里，各级交通主管部门充分认识到公路交通应急管理体系建设的重要性，在应对各种危机事件的实践中，结合当前实际情况，在公路交通应急组织指挥、运行实施、资源保障、决策辅助与信息支撑方面进行了有益的探索和尝试，并圆满完成了大量公路交通应急保障任务，积累了宝贵经验，为完善公路交通应急管理体系奠定了实践基础。

3.2.1.1 组织指挥

目前我国危机管理领导体制是“国务院统一领导决策，部门分工实施”；管理体制为“政府统一领导，上下分级管理，部门分别负责”，即中央负责特大危机事件的决策管理，各级政府负责本行政区域危机事件的管理工作。

各地按照国务院和交通运输部的要求，以及“统一领导、分级负责、条块结合、属地为主”的原则，成立了公路交通管理组织机构，初步构建了“交通运输部—省交通厅—市交通局—县交通局”的中央与地方分级负责的四级组织体系，负

责应急指挥与协调、应急日常管理、现场指挥等工作。如，在汶川抗震救灾期间，四川省运管局在省交通厅的领导下，成立了抗震救灾公路交通保障指挥部，各受灾市（州）、县（市、区）在各级政府及交通主管部门的领导下，成立了地方公路交通保障指挥部，从而形成了省、市、县三级统一领导、分工协作的公路交通应急组织指挥体系，为有序开展公路交通应急保障工作奠定了组织基础。

3.2.1.2　运行实施

各级公路交通应急管理机构在实际工作中不断强化运行实施机制建设，加强与相关部门的协调联动，积极推进资源整合和信息共享；加强涉及危机事件的危险源排查，着力推动危机事件预测预警、信息报告、应急响应、应急处置及调查评估等机制建设；依据公路交通应急保障的特点建立了24小时值班制度、工作例行报告制度，强化危机事件的信息报送和预警工作，确保危机事件及时准确上报和妥善处置。如，山西省以运政信息网为平台，以全省统一的96566特殊服务热线，建立了即时联系工作机制。

危机发生后，交通运输部汇总预警预报信息，向协作单位和下级交通部门通报信息；按照“条块结合，以块为主”的原则，根据危机事件情况，县级、市级、省级人民政府和相关部门启动相应层级公路交通应急预案。危机事件发生后，公路交通主管部门通常临时征用各类公路交通工具，开设应急救援“绿色通道”，对灾区受损公路进行抢通与养护保通，以克服环境条件限制和加快运输速度，保障应急物资和人员及时到达指定地点。

3.2.1.3　资源保障

(1)人力资源

公路交通应急人力资源保障模式由三个主体全部或部分参与实现:一是解放军、人民武装警察部队等组成的骨干和突击力量。严重危机突发时,中央可以紧急调动就近部队及其他相关部队投入救灾,服从现场救灾指挥部调遣。二是公路施工、养护、运输部门组成的专业力量,以及交通武警部队等,提供专业化人力资源保障。三是社会物流单位和志愿者等组成的群众保障力量。但我国目前尚缺乏有效地发挥民间组织作用的机制,民间组织由于缺乏专业训练难以有效地参与危机应对工作。

(2)财力资源

目前我国并没有专门的危机预防专项支出,灾前预警和预防投入不足;但在重大危机发生后,各级财政部门会采取资金拨付、减免税费等政策与措施来应对。如,汶川地震发生后,财政部迅速启动财政一级应急预案,及时拨付抗震救灾资金用于灾民生活应急补助、水库加固及堰塞湖治理、物品棉被等物资的购进、中央储备粮和储备油调拨资金,以及公路工程基础设施修复等项目。

(3)物力资源

各省依托成建制的公路交通专业运输企业,以省、市、县为单位初步组建了各级公路交通应急保障队伍。少数较为重视公路交通应急的地区,结合交通战备管理体系组建了应急运输保障车队,落实了应急运力,依托客运站、货运站、物流园区等场站建立了应急运输集结点。个别省份为了加强对保障车辆的动态监控和实时调度,结合 GPS 监控平台,开发了车辆管理软件,并为保障车队安装了 GPS,有效地提高了保障车队的指挥调度和应急处置能力。同时为了检验预案的可操作性,提高综合实战能力和应急反应能力,开展了一定规模的应急演练,在应对突发事件中发挥了积极作用。如,山西省公路运输管理部门与交通战备机构协调配合,将公路运输应急保障车队既纳入民用应急保障体系,又纳入国防交通战备应急保障体系。自 2005 年开始,全省先后组建了 23 支公路运输应急保障车队,车辆共计 1 092 辆,同时建立了后勤救援网络,共有救援拖车 86 辆,服务车辆 310 辆,有效提高了车队的运输保障能力。

3.2.1.4　决策辅助

(1)法律与法规

自 1984 年以来,我国逐步颁布了多项公路交通应急相关的法律法规,初步形成了较为完备的法律体系,如《中华人民共和国国防动员法》、《中华人民共和国道路运输条例》、《民用运力国防动员条例》和《中华人民共和国突发事件应对法》等。其中,2007 年颁发的《中华人民共和国突发事件应对法》是一个综合的法律法规,它为突发事件的预防与应急准备、监测与预警、应急处置与救援、事后恢复与重建等应对活动提供了法律保障,并对应急管理体制的构建进行了准确描述,对建立健全应急通信保障体系提出了明确要求。2010 年颁发的《中华人民共和国国防动员法》规定了国防动员的组织领导机构、预备役人员的储备与征召、战略物资的储备与调用、战争灾害的预防与救助等事项。具体包括:国家实行战争灾害的预防与救助制度，保护人民生命和财产安全，保障国防动员潜力和持续动员能力。战争发生时，当地人民政府应迅速启动动员机制，组织力量抢救伤员，安置灾民，保护财产，尽快消除战争灾害后果，恢复正常生产生活秩序。对于民用资源的征用和补偿，该法规定，任何组织和个人都有接受依法征用民用资源的义务。被征用的民用资源使用完毕，县级以上地方人民政府应当及时组织返还；经过改造的，应当恢复原使用功能后返还；不能修复或者灭失的，以及因征用造成直接经济损失的，按照国家有关规定给予补偿。

（2）预案与计划

我国已于2007年10月正式实施了《国家突发公共事件总体应急预案》，并颁布实施了多项部门应急预案和省市级应急预案。

①《国家突发公共事件总体应急预案》的规定。该预案将危机纳入其针对的四类突发公共事件中，规定了突发公共事件应急管理工作的组织体系、运行机制和应急保障机制等。其中在公路交通运输保障上，提出了紧急情况下公路交通运输工具优先安排、调度和放行原则，社会运输工具的征用程序，以及涉及应急通道建设的“绿色通道”制度。

②国务院部门应急预案的规定。目前我国已经发布《公路交通突发事件应急预案》。该预案对应急队伍，包括公路交通应急抢险保通队伍和公路交通应急运输保障队伍在内的专业应急队伍组建，以及社会力量的应急参与进行了原则规定。

③地方应急预案的主要规定。包括：省级人民政府的总

体应急预案、专项应急预案和部门应急预案；各市（地）、县（市）人民政府及其基层政权组织的应急预案。

自2005年原交通部制定和发布《公路交通突发公共事件应急预案》开始，各地交通主管部门根据应急预案的要求，相继制定了地方公路交通应急预案。并在此基础上，根据公路运输的应急保障特殊性和不同种类突发事件，各地编制了应急公路运输预案，涉及重大疫情突发、夏收秋收、春运等重要时期的公路交通应急运输保障，为提高公路交通应急处置能力奠定了制度基础。如，浙江省先后制定了《浙江省自然灾害突发事件道路运输应急保障预案》、《浙江省突发公共卫生事件道路运输应急处置预案》和《浙江省雨雪冰冻灾害公路运输旅客滞留应急处置方案》等预案。

3.2.1.5　信息支撑

2010年以来，交通运输部发布了《道路运输车辆卫星定位系统》行业标准，陆续出台了包括平台技术要求等多个分册，对道路运输车辆卫星定位系统架构，以及道路运输车辆卫星定位系统中政府监管平台和企业监控平台的功能要求、平台性能与技术要求等进行了明确规定。通过信息技术手段，对危险品车辆、危险品运输企业、班线客运车辆、班线客运企业、旅游包车车辆、旅游包车企业、货运车辆、货运企业进行了规范管理。对重点运输车辆实行动态监控与信息查询，包括：对车辆实时监控、单向监听、双向通话；跟踪多车车辆、报文发送和车辆拍照；查询反馈报文、车辆行驶记录数据及照片的历史数据；指定车辆历史轨迹回放功能，在历史轨迹点提供车辆事件的提示；查询指定时间段、经过指定区域的车辆信息，以及多区域多时间段的联合查询等。其中，车辆监控管理包括车辆上下线实时提醒、车辆调度、车辆监控、车辆跟踪、车辆点名、车辆查找、区域查车和车辆远程控制等。

我国已初步形成一个布局合理且覆盖全国的“即时即地”的应急通信保障体系。但是，由于应急通信保障工作主要由电信运营企业承担，利用公众通信网资源来实施，缺乏专用的突发事件应急信息平台，通信基础容易因灾受损，预测预警和现场通信保障能力显得较为脆弱。公路交通应急管理信息系统作为一个专业平台，受到的关注和投入就更加有限了。

3.2.2 我国公路交通应急管理体系的主要问题

在历次突发事件公路交通应急保障实践过程中，尽管各级公路交通运输主管部门强化了公路交通应急管理体系的建设工作，并取得了一定的成绩，但也暴露了一系列亟待解决的问题。从总体上看，我国公路交通应急管理体系建设水平参差不齐，保障能力仍然十分薄弱，尚未建立长效机制。因此，急需加快公路交通应急管理体系建设步伐，进一步提高应急保障能力。

3.2.2.1 组织指挥

(1)组织保障体系较为无序

组织保障体系的无序主要表现为“重临时组织，轻常设机构”。我国各级政府普遍缺乏专门的、常设的、权威的公路交通应急部门和专业人员，主要依靠各级政府现有的行政设置。一旦危机爆发,部门之间各自为战,危机响应迟缓,缺乏有效协调的组织、沟通与整合,系统性和高效性不足,应急物资的公路运输在危机爆发初期尤其显得杂乱无序。如,汶川地震初期,人员盲动问题尤为突出,那些前往重灾区进行抗灾救灾工作的大批志愿者,在自带的食物和饮用水耗尽后快速成为被救援对象;同时,他们大量驾车前往,给拥堵的公路交通通道和紧张的汽车燃料供应造成更大压力,影响了专业救援队伍和救灾物资的流动速度。

目前,虽然各地均建立了公路交通应急管理机构,但是统一指挥、协调有序、运转高效的公路交通应急管理体制尚不健全。受经费和人员编制限制,地方公路交通管理部门尚未建立日常应急管理机构,也没有专职的应急管理人员,均由行政部门的人员兼任,日常工作主要由某个部门代管,这不利于应急管理工作的有效开展和应急管理长效机制的建立。另外,在危机发生、发展和善后的各个阶段,我国公路交通应急组织和保障缺乏实时、科学的动态管理机制。

(2)应急保障体系建设滞后

目前公路交通应急保障的组织机构、日常管理、人员与装备、基础设施与平台,以及应急保障工作机制等方面的体系建设滞后。尽管公路交通应急预案中明确了公路交通应急管理机构的组成及其职责,但目前公路交通应急保障机构基本属于"临时性"组织。虽然成立了应急保障领导小组和办公室,但工作人员均为兼职人员,没有编制和专职人员,没有办公场所和办公经费,公路交通应急保障的日常管理工作基本上处于"缺位"状态,使得公路交通应急保障工作无法纳入日常管理范畴和实施常态化管理；各级公路交通应急保障机构之间以及与政府其他应急管理机构之间的联动协调和应急保障工作机制尚未建立，各自的职责不甚清晰。

3.2.2.2　运行实施

(1)公路交通应急运输体系不完善

公路交通应急运输组织方面存在部委之间、地方和军队之间、地区与地区之间的多头指挥、各自为战、责任不明、联系渠道不畅等问题。我国各地的交通战备办公室不能对辖区所属专业人员、器材物资、运输工具进行配置和组建公路交通应急保障力量，也不能明确战时任务和实施战时保障计划，这些都严重制约了公路交通应急的效率和效果。

(2)公路交通应急物资保障机制协同性不强

物资的分配存在多种渠道分发、多种指挥协调、低效配送、重复供应、储备物资的跨区域调配难等问题，使公路交通应急难度和风险加大，物资的调配秩序非常混乱。这种混乱的调配，使得公路交通应急成本增加，降低了应急资源的配置和调拨效率，急需进行重新组合与取舍。

(3)不同部门信息协调不畅

公路交通应急对来自各方面运输需求的信息依赖度高。但是，由于相关部门间的衔接协调不够充分，信息的沟通不够准确、及时，给公路交通应急运输环节带来了较多困难。首先，各级公路交通应急保障管理机构之间缺乏沟通和协调，省、市、县三级运力储备没有明确划分，省级认定的运力储备同时也是市或县的运力储备，出现储备运力重叠的状况，导致应急情况下运力不足。其次，公路运输与其他相关部门衔接不充分、部门间信息不畅、资源不能共享、组织指挥不统一等问题在一定程度上制约了应急运输工作的顺利开展，如，由于公路与气象部门之间信息沟通不协调，公路交通应急保障部门无法及时全面掌握、发布公路通行天气情况，也无法让应急运输车辆和人员做好充分准备，选择合理路线，采取有效防范措施。此外，还存在应急运输指挥机构与运输需求部门信息不对称，信息传递不及时、不准确的问题。

3.2.2.3　资源保障

(1)人力资源

公路交通应急保障队伍不健全，缺乏利益保障和约束力。总体上看，目前公路交通应急管理和专业技术人才缺乏，应急培训工作滞后，公路交通应急保障队伍缺乏法规和政策的保护和约束，应急队伍的布局和配置欠合理，应急保障能力尚不能满足应急预案的要求。

2004年，根据商务部等15部委联合颁发的《全国生活必需品市场供应应急预案》和原交通部颁发的《全国开展车辆超限超载治理工作期间道路运输保障应急预案》的要求，各省(自治区、直辖市)和地市也编制了相应的应急运输保障预案，明确了应急储备运力单位、运力数量、类型以及具体的人员和车辆，为缓解当时的煤、电、油运紧张状况发挥了重要的作用。但是，一方面由于缺乏应急运输保障的总体规划，以及对所辖区域内突发公共事件应急运输保障需求特征的研究，导致储备运力的规模、类型和应急保障人员缺乏科学、合理的配置；另一方面，交通管理部门与储备运力单位和人员各自承担的职责不清，既没有国家的法律约束和保障，也没有通过签订“突发事件运输资源征用协议”的方式明确各自的权利和义务。

因此，一旦发生危机事件，公路交通主管部门将无法保证上述储备运力的及时到位和人员与装备的技术要求。缺乏社会参与的应急机制，制约了全社会运输资源参与应急保障作用的发挥。公路交通应急管理和专业技术人才匮乏，应急人员缺乏专业知识培训和应急演练，制约了应急运输保障能力的提高。

(2)财力资源

目前各级政府都缺乏公路运输应急补偿机制，不但年度预算内没有应急补偿专项资金，而且尚未界定补偿的范围，缺少补偿标准、方式和方法，更没有临时解决应急运输经费的预案，导致大量应急运输经费无法得到及时补偿。由于危机事件种类繁多，又隶属于不同行业的政府部门管理，目前尚未建立完善的公共财政应急保障机制，导致在公路交通应急保障的实践中到底是谁征用就由谁负责补偿与赔偿，还是统一由各级政府财政负责，并不明确，经常发生应急时不惜代价，事后有关参与单位的补偿与赔偿费用没有着落的现象。

因此，近年来各省市公路交通应急保障工作往往是通过政府的政治动员，强制性安排运输企业承担应急运输任务，其中除了有明确的运输需求主体，即承担影响市场稳定的重要原材料和生活必需品的应急运输费用基本得以落实外，其他突发公共事件的应急运输普遍存在中央和地方以及政府各部门之间应急经费的职责和渠道不清晰、缺乏财政资金保障、拖欠运输企业应急运输费用的现象，大大挫伤了参与应急运输企业和相关救援人员的积极性，制约了应急运输保障长效机制的建立。如，在汶川地震期间，四川省财政支付的抗震救灾应急运输经费，其补偿范围限定较窄，规定只用于四川省抗震救灾指挥部调用的应急客货运输车辆的补偿，且按车头严格核算成本，各市(州)、各带队人员及各运输企业的管理人员费用(包括食宿、通信等)、维修工时费、集结地费用以及车辆购置附属装备等费用，均未纳入补偿范围，并且由于相关部门对公路交通应急运输工作性质不甚了解，以致财政拨款缓慢，迄今为止，仍有部分车辆尚未得到补偿费用。同时，公路运输应急征用补偿无明确的国家标准，对各类车辆、执行任务或待命车的补偿，只能在救灾取得阶段性胜利后再全面核查车辆运行成本，临时制定标准并经相关部门反复核查后实施补偿。

公共财政应急保障机制不完善，财政资金保障不足。应急保障经费缺乏制度性安排，政府部门间分担职责不清，公路交通应急保障的经费不落实，拖欠现象严重。公路交通运输企业(目前主要为运输国企)是最基本和最重要的保障力量，在保障工作中，既要承担人员伤亡和财产损失的风险，又得不到合理的运费和应急补偿，蒙受经济损失，长此以往将大大挫伤其参与应急运输工作的积极性，制约应急运输保障长效机制的建立和应急运输保障能力的提高。如前所述，应对处置危机是政府应提供的公共产品，公路交通应急运输作为政府防范和化解公共风险的重要保障，其应急保障的经费应纳入各级政府公共财政支出的范畴。

(3)物力资源

现有公路交通应急运力多为名义上的应急储备,缺乏长效保障机制,应急管理部门对车辆的管理力度偏弱,致使紧急情况下运力集结速度慢,再加上缺乏应急专业训练,应急处置能力不足,战斗力不强。储备运力均为普通客货运输车辆,运力结构相对单一,运输专业大型机具、特殊大型材料、疫苗等特殊物资的专用运输车辆不足,难以适应多层次应急运输的需求。应急后勤保障能力不足,缺乏应急特殊设备和专用物资的储备;应急维修未纳入公路交通应急管理体系,缺乏专业应急维修救援队伍和救援设施;尚未对应急集结地进行科学规划,现有公路运输站场的应急处置功能有待完善,难以满足大规模车辆集结和人员生活的需要。

公路交通应急专业技术和设备缺失。目前,我国应急运输作业技术先进性不足,尚未建设和保有应急救灾专业装备,通常是有什么用什么,大型救灾机械设备和应急装备尤为不足,如,2008年雨雪冰冻灾害时就急需铲冰扫雪的大型机械设备。公路交通应急运载工具和交通网络不先进。长期以来,我国大部分地区多以公路运输作为物资输送的主要形式,但由于各地经济发展水平不平衡,不同区域差别非常明显。同时,我国还存在骨干运输通道能力不足、公路网络结构不全、等级偏低、衔接不足等问题。专业化的物流企业是公路交通应急管理体系中重要的市场实施主体,而国内专业从事应急物流的企业,以及应急物流基地、应急物流中心、应急配送中心、第三方应急物流企业等还相当缺乏,发展严重不足。

3.2.2.4 决策辅助

(1)法律与法规

虽然我国有关灾害应对及社会保障方面的立法建设已经走过了将近半个世纪的历程,制定过多部相关法律法规,但从总体上看,我国在应对处理重大突发公共事件的立法上仍较为滞后,应急管理工作缺乏法律保障,主要表现在:一是缺乏整体的立法规划,应急立法体系残缺不全,许多领域仍是空白;所制定的有关法律法规大多是临时立法的产物,缺乏系统性和完整性,导致不同法律法规之间适用范围存在不一致的现象,甚至相互冲突。二是应急立法中行政法规多,立法层次低。当前的应急立法基本上是依据行政法规和相关规章制定的,仍局限于行政法规范围,其中有相当部分为"试行"、"暂行"、"意见"与"通知"等,由此造成应急立法缺乏足够的权威性和稳定性,就公路交通应急保障方面的法律法规而言,基本上还处于空白状态。

从目前我国应对突发性自然灾害和公共卫生事件的情况来看,公路交通应急运输主要是依靠地方政府行政职能和在群众自发的基础上进行运作,由于缺乏系统的法律规范和约束,征用民力的效率不高;在应急处置中与法律法规冲突较多,安全与责任风险较大。如,在抗震救灾中,运送的人员和物资数量巨大,公路损毁严重,基本不具备安全行车条件,且征集的车辆有限,不得不加班加点工作,运输车辆也无法按规定进行安检,驾驶人员工作超时,加上很多防疫物资为危险化学品,运输时出现了较多违反现行法律法规规定的情况,各级公路运输保障部门承担了较大的安全与责任风险。

另一方面，目前公路交通应急保障的相关政策研究工作也十分薄弱。公路交通应急保障既无法完全依赖市场机制来解决，又无法完全依靠政府力量来解决，而应以政府为主导，通过整合和调动各种社会资源，实现政府与市场共同参与的机制来完成应急运输保障任务。因此，有必要进一步研究和完善公路交通应急保障有关的法规、条例和政策，理顺与现行相关法律、法规和规章之间的关系，促进应急运输保障工作的健康发展。

(2)预案与计划

虽然目前各地公路交通主管部门均制定了公路交通应急综合预案和专项预案，但总体上看，尚未实现对危机的分类管理，针对不同突发事件的专项预案较少，尚未形成完善的预案体系。“横向到边、纵向到底”的应急预案体系尚未形成，公路交通应急相关的预案还很不完善。目前，公路交通应急保障工作基本停留在“个案处理阶段”，总体上原则性要求多，可操作性不强，在具体执行过程中存在职责不清、衔接不畅的问题，导致预案启动后反应不及时，协调不顺畅，缺乏系统性、层次性、针对性和操作性。各类应急预案修订和编制工作任务艰巨，内容还需进一步补充、细化，应增强各预案之间的衔接性和操作性。

预案演练和培训工作滞后，缺乏统一规划、指导、监督和评估机制。公路交通应急物资运输兼具常态货物运输和非常态应急保障的基本属性，其非常规性、时效性和多样性的特征，决定了宣传培训和演练工作的重要性。应急物资运输保障既需要依靠专业救援队伍，又需要广大公众增强防灾、抗灾和自救能力,更要依靠公路运输专业管理与技术人员,必须强化应急运输保障的宣传培训和演练工作。目前,我国公路交通应急保障的宣传培训和演练工作还十分薄弱,相关应急保障参与人员普遍缺乏应急保障的经验和技能,也不熟悉应急保障的相关法规、制度和政策,制约了公路交通应急保障能力的提高。

3.2.2.5 信息支撑

(1)我国公路交通应急信息支撑水平较低,尚未建立健全信息报告制度和实时更新的信息发布和共享平台;同时,在我国着手建立的应急管理信息平台中,也没有规划专门的公路交通应急保障子系统。这些都导致了公路交通应急信息来源不详细、报告不及时、判断不准确,无法有效决策的问题。

(2)公路交通应急信息技术支撑体系薄弱,技术保障水平较低。伴随着现代通信信息技术的发展和交通信息化进程的推进,各级公路交通应急管理部门的信息化基础设施建设取得了长足的进步,通信和信息交互的手段和方式已基本实现多样化,为公路交通应急通信信息系统的建设奠定了一定的基础,但硬件技术有一定提高,软件技术仍然薄弱,总体支撑不足。

(3)公路交通应急通信信息系统需要充分利用既有的通信设施,通过整合各种信息资源构建符合应急保障要求的信息系统。但是,目前公路交通应急保障平台建设滞后,信息标准不统一,尚未形成全国统一、高效的应急指挥系统和基础信息数据库,公路交通应急信息的共享、交互、查询、发布功能缺失。信息报告的标准、程序、时限和责任不明确、不规范;信息监控和通信信息资源尚未有效整合,预测预警能力薄弱;救援、运输、抢险和防灾等技术保障能力和装备不足。

(4)公路交通应急通信保障有待加强。如,在"5·12"汶川地震发生当天,灾区所有移动通信中断,固定电话基本无人接听,救援指令难以按正常渠道和速度传达,灾区救援需求信息也难以获悉,通信信息保障准备不足,严重影响了公路交通应急保障的效率和效果。

3.2.3 我国公路交通应急管理体系问题的原因分析

我国公路交通应急管理体系中暴露出来的问题和不足,究其原因,大致可分为以下几个方面。

(1)公路交通应急体制的制约

虽然近年来国家对公路交通应急体制建设给予了高度重视,各地也都开始着手建立公路交通应急决策体制,并且初步形成了以职能部门为主的应急保障体制,但该体制仍然存在以下制约因素:

①交通运输部在公路交通应急管理体系中占据着特殊的位置,但它仅是中央政府的一个部委,难以领导指挥其他部委,其职能也主要在于负责公路交通应急组织保障工作。

②公路交通应急管理体系的不同职能分属多个部门管理,比如物资的采购、运输和配送等均由不同部门管辖,无形中增加了协调难度和沟通成本。

③公路交通应急管理体系没有一个集中的公共业务信

息共享平台,无法实现信息共享和统一运作的功能。

(2)应急物资供应、保障和运输机制的短板

①我国各级救灾物资储备仓库的建设、分布及配套设施不完善,储备物资单一。

②应急采购和捐赠物资的来源呈现多样化、分散、临时、自发性强的特点,所供应物资在质量、规格、包装等方面差别很大,还使审计监管难度增大,不利于救灾物资和款项的统一配送和使用,会增加不必要的损耗。

③运输资源难以系统、科学地统筹调配。这也是救灾初期应急物资缺乏,供求不平衡,而在救灾后期救援物资供应过多、浪费严重等问题产生的主要原因。

(3)公路交通应急专门法律、法规体系尚显薄弱

我国尚未形成专门的公路交通应急法律、法规体系。从应急物资采购、储备到运输、调拨、配送及组织设立等各方面,均缺少相应的法律法规,立法空白多。例如,目前国内除了上海和北京等大城市外,没有任何法规性文件对于危机条件下公路交通路线的维护和抢修、临时场(站)建设、相关交通设备的征用、预案的制定、实施的程序、补偿和抚恤、经费保障以及平时演练等方面进行规范,导致公路交通运输保障一定程度上“无法可依”。

(4)缺乏专有的公路交通应急信息支撑平台

由于公路交通应急信息分散,信息传输手段落后,缺乏互联互通、信息反馈的共享机制,导致公路交通应急指挥与管理信息的丢失、遗漏和延滞,造成公路交通应急决策指挥能力降低、应急物资运输迟缓和无序的状态。

3.3 完善我国公路交通应急管理体系的启发和建议

3.3.1 完善我国公路交通应急管理体系的启发

通过对美国、英国、日本、德国、俄罗斯公路交通应急管理体系的研究发现，各国都非常重视公路交通应急管理体系的建设，并且形成了自己的特色。通过比较可知，我国尚未建立起危机情况下规范运行的公路交通应急管理体系，只是初步建立了公路交通应急供应、运输、配送、发放等保障体系的雏形。该体系雏形虽然具有一定的功能，在一些灾害救助中也能发挥其应有的作用，但在突发性重大危机的紧急应对方面仍存在着明显的不足。公路交通应急管理体系的组织和运作，基础设施建设，运输通道网络，信息系统和平台建设，资金、技术和装备建设，法律法规和预案体系，以及专业队伍建设等方面都需要不断完善和加强。

我国在完善公路交通应急管理体系时应注重以下几个方面。

（1）应尽快构建符合我国国情的公路交通应急组织指挥体系

公路交通应急组织指挥体系是公路交通应急管理体系的核心，也是有效应对危机的重要保证。在不同国情、不同政体的国家，其组织体系和处置机制不尽相同。美国、德国都讲求“统一领导、属地为主”的原则；而英国、日本、俄罗斯在保持属地管理的基础上更强调中央管理，甚至中央首脑的统一管理和协调。

当前我国的公路交通应急组织指挥体系采取的是一种以交通运输部一个部门为主、其他多个部门配合的模式，其优势在于能够在危机事件发生后通过行政力量调集各部门和各种应对力量，实现快速响应；其劣势在于这种公路交通应急组织指挥体系不利于平时的准备，不利于整合和有效地利用分散在各部门的资源，实际工作中跨部门的协调难度很大。

借鉴国外公路交通应急组织指挥体系的长处，尤其是日本设立中央防灾会议、俄罗斯设立联邦安全会议的优势，结合当前我国公路交通应急管理体系的现状，建议中央及各级政府设立以交通运输部为牵头单位的议事协调机构，统筹和整合分散在各部门的应急资源，加强跨部门协调，从而构建符合我国国情的公路交通应急组织指挥体系，这将更加有利于平时的应急准备、急时的应急处置以及灾后的恢复重建。

(2)必须切实有效地掌握应急资源信息和获取渠道

当前我国各级公路交通主管部门对应急资源信息的获取渠道还不完善，在何种应急状态下需要调动应急资源，哪里有符合要求的应急资源，应急资源调度运力多大，以及应急时资源调用的途径和方式等问题还没有从根本上解决。

借鉴英国、日本的经验，从我国公路交通应急保障的实际情况出发，建议构建以人力资源、物力资源为主的资源信息网络和资源数据库，形成公路交通应急人力资源储备和物资储备相结合的储备体系，并将其作为公路交通应急准备的主要内容，以便在危机状态下及时地掌握和调度资源，实现快速响应。

(3)必须加强应急资源投入保障机制建设

投入保障机制是完善公路交通应急资源保障体系的前提，只有按照预定目标和统筹规划，强化应急资源投入保障机制，才能为公路交通应急提供有效的资源支持，高效率地应对各种危机事件，把损害降到最低限度。当前我国的应急资源投入主要来源于中央和地方财政、社会捐赠和紧急财政动员，主要靠国家应急储备和公路交通应急准备形成保障能力。

借鉴美国和日本的经验，结合我国国情，重新梳理和完善我国应急资源投入保障机制，有利于最大限度地利用公路交通应急资源储备，提高应急准备效率，改善应急准备的效果。

(4)必须建立功能完善的公路交通应急信息支撑体系

完善的公路交通应急信息支撑体系能够有效地整合公路交通应急过程中的各种信息资源，实现公路交通应急的信息化，提高响应的敏捷性和管理效率。当前我国尚未建立完善的公路交通应急信息支撑体系，缺乏为高层领导服务的指挥决策自动化系统，没有完整的基础数据库，各部门的数据存在很多信息孤岛，缺乏大型综合性数据库的支持。国内虽然程度不同地建立了一些公路交通应急信息系统，但基本都是区域性的，如 GIS 与城市救援联动系统等。

借鉴美国、日本、德国应急管理信息支撑体系的经验，结合我国国情，建议着眼于公路交通应急全过程，运用现代信息技术，将组织指挥、运行实施、资源保障、决策辅助体系的信息流充分整合，建立功能完善的公路交通应急信息支撑体系，及时掌握各种信息，实现各种资源的有效调度，提高应急效率，更好地应对危机事件。

3.3.2 完善我国公路交通应急管理体系的建议

我国公路交通应急保障工作的总体建议为：应建成组织健全、权责明确、协调有序的组织指挥体系；建立分级响应、反应迅速、运作高效的运行实施体系；建成统一指挥、专兼结合、保障有力的资源保障体系；形成横向到边、纵向到底、科学完善的决策辅助体系；建成功能完备、信息互通、处理有效的信息支撑体系；形成以政府为主导的，专业化、社会化相结合的，常态化管理的公路交通应急管理体系，全面提高我国公路交通应急能力、水平和效率。

为实现以上总体建议，应从以下几个方面采取措施，以期尽早建立并完善公路交通应急管理体系。

(1)编制并实施公路交通应急建设规划

交通运输部应尽快编制和实施《公路交通应急建设规划》，统一指导全国各级公路交通应急保障的建设与发展，优化、整合各类资源，统筹规划公路交通监测预警、组织指挥、疏通保畅、运输保障、通信保障、恢复重建、科技支撑、培训演练等各个方面的工作，科学指导各项建设，实现常态化管理，并纳入交通行业和相关国民经济和社会发展规划中，切实提高公路交通应急保障能力。

各地公路交通主管部门应从提高应对和处置辖区内危机事件的公路交通应急保障能力着手，明确公路交通应急保障建设的总体目标、阶段性目标和主要任务。重点解决好组织体制和运行机制、基础设施和队伍建设、物资储备和经费保障、培训演练和宣传教育等问题，实现公路交通应急保障建设的统筹规划和协调发展。

(2)强化公路交通应急机构建设

各级交通主管部门应加快公路交通应急保障组织机构的建设步伐，尤其是要尽快成立常设管理机构，明确其工作职责、人员编制、装备与经费，将机构、经费和人员编制纳入日常管理的行政编制和经费预算渠道，切实履行日常管理职能，实现从非常态化管理向常态化管理的转变。进一步加强公路交通应急保障的制度建设，规范应急保障行为和管理流程，提高各项应对措施和保障工作效率。

由于公路交通应急保障涉及行业内外的多个领域和部门，应在同级人民政府的领导下，建立由相关行业管理部门和单位领导与专家组成的公路交通应急管理委员会，作为公路交通应对危机的议事协调机构，进行跨部门的综合性决策与指挥，充分发挥政府在应急管理方面的主导与综合协调作用。根据要求，建立部、省、市、县四级公路交通应急组织体系，明确各级管理机构的职责。

(3)加快公路交通应急工作机制的建设步伐

目前我国公路交通应急工作机制尚未形成，各级公路交通主管部门基本上采用常规的方法处理危机事件。因此，应通过采取以下各项制度性的改革或创新举措，逐步建立公路交通应急工作机制：加强预测预警机制建设，建立完善的四级预警体系；加强决策机制建设，建立责任明确的科学决策机制;加强信息报告机制建设,建立健全信息报告、举报、传递和共享机制;加强信息发布机制建设,强化信息发布的及时性、准确性和权威性;加强社会应急机制建设;加强恢复重建机制建设;加强调查评估机制建设等。

(4)加强公路交通应急预案体系建设和预案演练工作

各级公路交通主管部门应建立健全公路交通应急预案体系,加强各级、各类公路交通应急预案的衔接与互补,修订或编制相应级别的公路交通应急保障预案,形成种类齐全、覆盖面广,具有较强针对性、操作性和实用性的预案体系。加强公路交通危险源调查,开展风险隐患的评估分析,建立分级、分类制度,规定危机事件事前、事中、事后各个环节的工作运行机制、责任以及工作流程,实现动态管理与监控。整合现有各级各类救援与保障的相关培训与演练设施等资源,逐步建设培训和演练基地,规范培训和演练内容,逐步形成覆盖各类危机事件的应急演练体系。

(5)加强公路交通救援和运输保障队伍建设

加强公路交通救援和运输保障队伍建设,尤其是加强管理人才、专业人才和技能人才队伍建设,充分发挥专家学者的专业特长和技术优势;继续做好公路交通运输救援队伍的普查工作。强化各级交通主管部门所辖区域内的救援和运输队伍基本情况,建立部、省、市、县四级基础资源数据库。组建和整合以地市为基本单元的抢险救援和运输保障队伍;合理规划省级救援和运输保障队伍的布局,扩大覆盖面;逐步充实人员,更新设备,改善装备,提高水平;全面加强培训和综合实战演练,不断提高应对危机的能力。

充分利用和发挥社会救援力量的作用，建立利用市场机制引导运输企业、非政府组织等社会力量参与应急管理与服务的长效机制，逐步形成专、兼职队伍相结合的救援与运输保障队伍，并积极探索全社会应急机制，建立“专群结合、军地结合”的公路交通救援与运输保障体系。

(6)建立并完善公路交通应急管理技术支撑体系

各级交通主管部门应加快公路交通应急管理技术支撑体系的建设步伐，高度重视利用科技手段提高应对危机的能力，强化公路交通应急保障的理论与政策研究、决策技术研究和救援处置等关键技术研究，提高公路交通应急保障的科技水平，包括：强化基础理论与政策研究，形成应急保障科技创新机制和管理技术支撑体系；强化危机决策技术研究，提高决策水平和效率；强化应急救援和处置等关键技术研究，提高公路交通基础设施的抗风险能力、修复能力以及应急运输保障能力。

(7)构建统一高效的公路交通应急数据库

在应对危机事件时，对其实施有效监控、调度和指挥决策等均基于大量的信息支撑的高效信息系统。因此，面对公路交通应急保障的四级组织指挥架构和领域广泛、庞大繁杂的信息需求，应按照“统一规划、资源共享、平战结合、分步实施”的要求，建设全国统一的标准化、规范化的公路交通应急数据库和指挥平台。同时，加强基础信息工作，规范数据存储结构及物理位置，开展信息系统软件及其标准的研制工作，以软件及其标准化推进信息系统的建设，建设部、省和市三级公路交通行业基础性的信息资源数据库，实现跨地区、跨部门信息资源的交换与共享。

(8)建立以国家财政为保障的补偿赔偿机制

建立以各级政府财政资金为保障的资源征用补偿赔偿机制,并在法律上做出明确界定,切实保护被征用方的合法权益和参与应急保障的积极性,形成公路交通应急保障的长效机制,需要加强以下几方面的工作:建立预备费管理制度,设立财政应急专项资金;建立风险分担的制度框架;建立公路交通应急管理的绩效评估机制,提高社会公众对政府提供的公路交通应急保障的满意度,以及公路交通应急应对危机事件的适应程度等。

本章小结

本章就美国、英国、日本、德国和俄罗斯的公路交通应急管理体系运作实践进行了系统的梳理和总结,对我国公路交通应急管理体系的现状和问题进行了总结。通过与发达国家公路交通应急实践的对比,分析了我国公路交通应急管理体系目前存在的主要问题及其原因,得到了完善我国公路交通应急管理体系的启示,提出了完善我国公路交通应急管理体系的建议等。

第  章

公路交通应急管理体系构建框架

本书第3章在对国内外公路交通应急管理体系现状进行对比研究后,指出了我国构建公路交通应急管理体系的方向。以此为出发点,结合相关学科理论基础,本章力图对我国公路交通应急管理体系的构建目标、原则、要素、功能等问题进行系统研究,以构建符合我国国情特点的公路交通应急管理体系。

4.1 公路交通应急管理体系的构建思路

4.1.1 公路交通应急管理体系的内涵

体系是指由若干相互联系与制约的相关事物构成的整体。危机状态下,公路交通应急管理体系是指政府交通主管部门通过组织、资源、行动等要素整合后形成的一体化系统。因此,本书对公路交通应急管理体系的界定是:为应对危机引发的公路交通保障需求,以时间效益最大化和灾害损失最小化为目标,由组织指挥、运行实施、资源保障、决策辅助、信息支撑等要素相互联系与制约而构成的管理体系。其主要

特征是：由政府和相关企业、个人共同组成；具有统一指挥、分工明确的体制特征；具有反应快速、相互协作的管理机制；具有现代化的管理信息系统；具有人员、资金、物资、技术等全方位的支持保障；具有健全的法律、法规和预案。

4.1.2 构建目标、原则和要素分析

4.1.2.1 构建目标

根据前文分析，公路交通应急管理体系应由我国各级交通主管部门直接领导，受到相关政策、法律、制度的约束，加强军地协作，整合政府和社会各级各类保障资源和其他社会力量，根据危机应对等级与强度需求进行公路交通保障，有效预防、响应、化解和消除各种危机风险，从而保证危机发生后受影响区域早日恢复正常运转和可持续发展的体系。

根据时间响应要求，公路交通应急管理体系应力图实现“统一指挥、功能齐全、运转高效、协调同步、保障有力”的构建目标。构建公路交通应急管理体系，应力图通过体系软硬件建设，保证能够在危机发生第一时间有效地调动公路交通运输保障多主体协同有序地快速响应，以保障各环节的工作顺利推进。

4.1.2.2 构建原则

构建公路交通应急管理体系应从系统论的观点出发，在体系构建之初就应考虑好如何通过科学合理的要素和功能设计，使其在危急时刻发挥出应有的作用。具体来说，构建公路交通应急管理体系应该要“有管理机构、有运行机制、有保障系统、有决策支持、有信息平台”。

①有管理机构:公路交通应急管理体系应设立一个常设性的管理机构,进行日常性的事务管理工作。这个机构应该具有和我国现行行政体制相对应的分级体制。这样,上至中央、中至各省、下至市县,各级政府都应建立单独具有公路交通应急职能的常设机构,从而形成一个全国性危机应对的公路交通应急分级响应网络。

②有运行机制:建立公路交通应急运行机制是构建公路交通应急管理体系的必要条件。公路交通应急运行机制涉及公路交通应急全过程的流程、使命等,是公路交通应急有序高效运转的前提,因此在构建公路交通应急管理体系之初就应明确提出。

③有保障系统:它们是公路交通应急管理体系的基础条件,如人员、资金、物资与技术保障系统等。正所谓“巧妇难为无米之炊”,公路交通应急管理体系的组成,离不开这些保障实施环节工作的实体组织和要素。

④有决策支持:除了公路交通应急运行机制外,法律法规、预案体系、政策制度、规划计划、理论技术等都为公路交通应急管理体系有效运行给出了行为导向和约束,是构建公路交通应急管理体系时不能忽略的重要因素。

⑤有信息平台:指为满足危态公路交通应急运作需要,政府部门给公路交通应急管理体系中各类用户提供的信息交互、共享服务的开放式平台。它通过对公路交通数据的采集、分析及处理,为公路交通应急参与各方提供基础支撑信息,满足信息需求,支撑公路交通应急信息系统功能的实现。

4.1.2.3　要素分析

公路交通应急管理体系究竟由哪些要素组成,是研究公路交通应急管理体系构建的基础命题。应该说,公路交通应急管理体系,是与公路交通运输保障活动相关的组织体系、运行机制、资源保障、制度体系、信息管理等要素的综合,包括组织指挥、运行实施、资源保障、决策辅助、信息支撑5个子体系。

①组织指挥子体系:包括公路交通应急决策机构、指挥协调机构、预警咨询机构和监控反馈机构。该体系涉及公路交通应急管理体系运行需要的组织架构、部门职责、工作流程、人员编制等。

②运行实施子体系:指公路交通应急管理体系各组织部分之间相互作用的过程和方式,包括快速反应、政府协调、全民参与、"绿色通道"、预警管理机制等,是公路交通应急管理体系工作效率和运行效率的无形基础。

③资源保障子体系:指公路交通应急管理体系运作需要的各类物资、人员、装备、技术、运载工具、运输通道等有形资源组成的基础支撑体系。该体系是有效实现公路交通应急的综合资源保证。

④决策辅助子体系:由公路交通应急相关的各项法律、政策、规范、预案等构成,是公路交通应急管理体系构建的依据。它授予公路交通应急决策机构在危机应对时的充分决策权,授予公路交通应急指挥协调机构和执行机构的全面处置权,为公路交通应急在危机应对时提供及时可靠的法律和政策保障,规定和约束着运行流程和方法。

⑤信息支撑子体系：指为满足在危机应对时公路交通应急运作需要，政府部门给公路交通应急管理体系中各类用户提供的信息交互、共享服务的开放式平台。它通过对公路交通数据的采集、分析及处理，为公路交通应急各参与方提供基础支撑信息，满足信息需求，支撑公路交通应急信息系统功能的实现。

4.2 公路交通应急组织指挥子体系的构建

4.2.1 公路交通应急组织指挥子体系的构建原则

公路交通应急组织指挥子体系是公路交通应急有效实现危机应对的基本组织保证，也是对危态时公路交通应急运输进行科学指挥、协调和管理的重要保障条件。在构建时要遵循以下原则：

(1)分类分级，协同运作

公路交通应急组织指挥子体系应能够涵盖满足各类危机保障需要的方方面面。构建时要根据我国的城乡特点和现状，统筹规划，从全国、区域、省市、县乡等层面建立起一套分级的组织体系。以政府统一领导下的公路交通应急主管部门为责任主体，其他政府职能部门通力合作，各民间团体和相关企业积极参与，实现在信息流、资金流的流动相对紧张前提下人流、物流的畅通和高效。

(2)快速决断，实时管理

鉴于突发危机的巨大破坏性，任何犹豫不决或决策拖延都有可能严重影响到危机救援效率。因此,危机爆发后,公路交通应急决策者应迅速果断地做出决策,做到第一时间判定,第一时间决策,快速采取措施,迅速调动人力、物力和财力来保障公路交通应急的实现。如,立即抢通受损公路交通网络,组织筹措抢修抢运物资,调运储备库的公路交通应急设备设施,根据危机事态的发展向相邻地区或全社会寻求必要的物资和人力援助;同时尽快将应急物资的运输应对措施、运力情况和救援建议等报告上级有关部门。

(3)灵活适度,科学有序

危机发生初期往往是应急保障的黄金时间,这就要求公路交通应急指挥机构在统筹管理时抓住主要需求点,分清轻重缓急和先后顺序,集中力量,组织精干高效的运输队伍,实施快速有效的救助。由于公路交通应急运作过程中影响因素很多,进行决策时应征求相关专家的意见,依据一定的评估标准和优先秩序,确定公路交通应急的工作程序和流程,并有针对性地采取应对措施,最大限度地节约运输成本,确保有效控制。

(4)依法管理,重视预案

公路交通应急法律法规可明确在危机应对时的负责机构、责权关系、应急依据和经费来源等问题,使公路交通应急有法可依。科学完善的公路交通应急预案是确保公路交通应急快速反应、果断处置、有效保障的基础。因此,在设计公路交通应急组织指挥子体系时,可在预案中规定组织设置,并保证预案设计内容的科学、合理和可行。

应该说,构建公路交通应急组织指挥子体系的原则很多，以上只是列出了其中的一些主要原则。在公路交通应急组织指挥过程中，应结合不同的危机类型及其不同发展阶段的需求特点，加以灵活应用。

4.2.2 公路交通应急组织指挥子体系的构建框架

建立公路交通应急组织指挥子体系的目标是促进公路交通应急运作实施和资源保障子体系能协调有序，高效运转。因此，我国有必要根据政府结构和公路交通应急保障的运作流程，在现有基础上，整合国家、军队、地方的相关机构，建立一个常设的、专业的公路交通应急组织指挥机构，专门用于决策、指挥工作。

公路交通应急组织指挥子体系是为应对危机而进行人力和物资运输、调度、配送的应急指挥核心，是整个公路交通应急管理体系的枢纽。我国公路交通应急组织指挥子体系应由国家级（交通运输部）、省级（省级交通主管部门）、市级（市级交通主管部门）和县级（县级交通主管部门）四级机构组成。国家级公路交通应急组织指挥机构包括决策中心、专家咨询中心、指挥中心、动员中心、预警中心、日常管理中心和评估中心等要素，各中心内部要素组成如图4.1所示。本书对各中心的构成与功能描述以国家级公路交通应急组织指挥机构为例，省级、市级、县级交通主管部门可根据各地的实际情况成立机构，明确相关职责。

遇到区域性危机时，应以地方交通主管部门为主，在所属人民政府的领导下，由该地区的公路交通指挥中心承担指挥协调工作。需要交通运输部协调、援助时，由交通运输部日常管理中心协助实施。一旦遇到重大危机,区域无力实施应对时,应在国务院的统一领导下,由国家公路交通指挥中心负责指挥协调工作,并将多个地区性的公路交通指挥分中心联网,组成一个全国性的公路交通应急组织指挥体系,实施指挥协调工作。

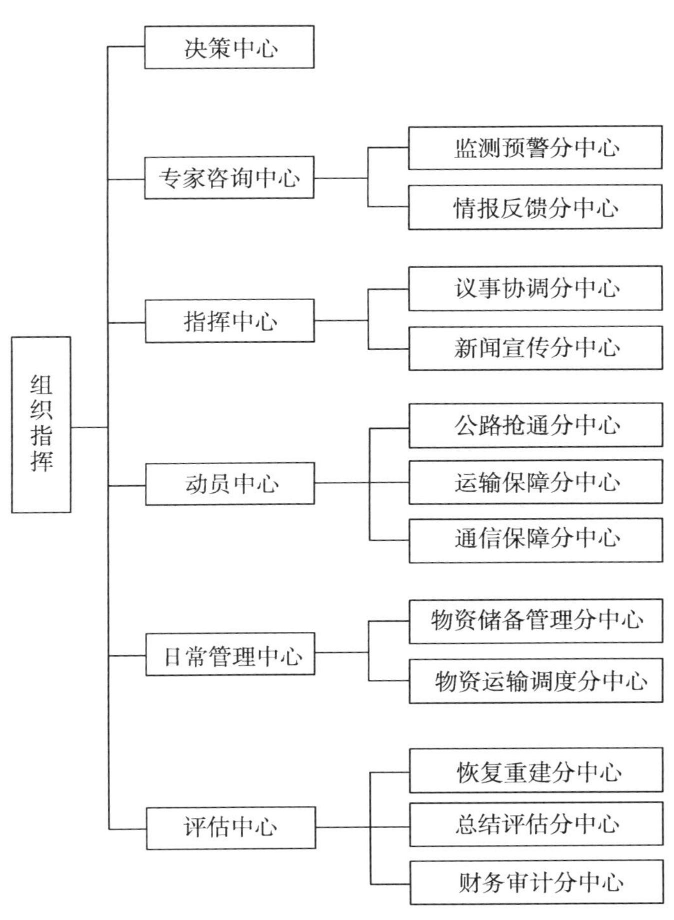

图4.1　公路交通应急组织指挥子体系

公路交通应急组织指挥子体系的主要工作是完善必要的公路交通应急软、硬件设备、设施，并指挥运作实施子体系内的物资储备与管理中心、物流企业和运输企业等开展采购、储备、输送等各项工作，使公路交通应急全程做到“高效、实时、有序、无误”。公路交通应急组织指挥子体系是整个公路交通应急管理体系的枢纽，作为常态下的业务指导机构和非常态时的指挥协调机构，自身并不进行物资采购、储存、运输、配送、分拨等具体的业务。只有建立健全公路交通应急组织指挥子体系，才能有助于危机来临时公路交通应急保障工作“来之能战，战之能胜”目标的实现。

4.2.3 公路交通应急组织指挥子体系的要素分析

4.2.3.1 决策中心的构成和功能

①领导主体——上级主管部门。公路交通应急决策中心在实际管理运行中，要接受来自上级主管部门以及该地区行政首脑的领导和指挥。同时，公路交通应急是危机应对时政府应急体系中的重要一环，应与政府应急体系中其他环节资源共享，密切合作。

②实施主体——各级公路交通应急决策部门，是各级政府中主管公路交通应急的职能部门。要在上级主管部门的授权和监督下，依靠政策、法规、预案行使职能和开展工作，专门负责应急物资的储存、运送、配送等。

③机构职责——负责公路交通应急管理体系常态和危态下的组织领导工作。对上向主管政府部门和该地区政府首脑负责并汇报工作，对下负责整个公路交通应急组织管

理，保证公路交通应急管理体系在常态和危态下的正常运转。

常态下的职责包括审定相关公路交通应急预案及政策、规划，审定经费预算，发布公路交通应急命令、规则、措施，以及其他相关重大事项。危态下的职责包括决定启动和终止公路交通应急预警状态和响应行动；负责统一领导危机应对处置工作，发布指挥调度命令，并督促检查执行情况；根据处置需要成立指挥中心，并派往危机现场开展处置工作；根据需要会同有关部门，编制危机应对的联合行动方案，并监督实施；当危机事件由上级领导统一指挥时，应按上级指令执行相应的公路交通保障行动；等等。

总体来说，决策中心要在公路交通应急各阶段进行关键性决策，发布关键性命令，启动公路交通应急预案，调整公路交通应急策略，是公路交通应急指挥协调机构运转的强有力的政府职权支撑。

4.2.3.2 专家咨询中心的构成和功能

专家咨询中心是由公路交通运输行业及其他相关行业管理、技术、法律等方面专家组成的咨询机构。具体职责包括参与拟定、修订与公路交通运输相关的各类危机事件应急预案及有关规章制度；负责对应急准备及行动方案提供专业咨询和建议；负责对响应终止和后期分析评估提出咨询意见；承办决策中心委托的其他事项。

危机发生后的公路交通应急是一个异常复杂的多目标决策管理问题，政府领导和决策者在应对危机时并非都具有相关专业背景，如果决策失误、指挥盲目就可能给公路交通应急行动带来难以估量的延误和损失。专家咨询中心通过鼓励专家在决策活动中有效参与,将有助于决策中心对危机现实情况进行准确判断和分析,从而做出科学合理的决策与指挥。

专家咨询中心包括监测预警分中心和情报反馈分中心。

(1)监测预警分中心

负责向公路交通应急决策中心做出全面、准确、可靠的决策提供实时的依据。在常态下,监测预警分中心要对整个公路交通应急管理体系的资源储备、组织运转、预案完备、交通网络脆弱程度等情况进行检查评估,并督促改进;在危态下,监测预警分中心应及时汇总各类危机预警预报信息,全面分析应急物资供需、运力情况,对公路交通应急全周期的外部风险和自身能力进行监测和预警。

(2)情报反馈分中心

主要负责危机各阶段的情报收集处理工作。与地震、气象、水利等相关监测部门保持密切、广泛的联系,及时掌握各种危机的情报,并做出准确的分析判断,将信息提供给指挥中心、监测预警分中心、物资储备管理分中心,以便提前做好各类公路交通应急保障准备。全面收集各类危机信息,及时报告给公路交通应急指挥中心和上级决策部门。

4.2.3.3　指挥中心的构成和功能

各级公路交通指挥中心,是危机发生时根据危机影响程度和公路交通应急需求水平启动响应级别的指挥机构。以往危机发生时,政府根据应急方案紧急抽调人员组成的临时公路交通应急指挥机构,存在信息滞后、救援效率不高、影响其他应急工作开展的问题，因此，有必要建立一个常设的、专业的、分级的公路交通应急指挥中心，专门服务于危机应对指挥工作，保障公路交通应急高效、有序地实施。

机构职能应按两个时间段来划分。在平时，公路交通应急指挥中心的工作主要是做好各级各类应急物资的需求预测，规划应急物资配送路线，进行信息和资源网络维护，全面了解应急中心、加盟物流企业的情况，建立档案，加强与大型物流、运输企业的合作，了解可能用到的物资的生产、分布情况，做好相关宣传、教育及预案制定、演习工作。此时，各物流企业进行正常商业活动，不受公路交通应急指挥中心的管理和干涉。在灾时，公路交通应急指挥中心根据有关政策、法规和预案，紧急调用各加盟物流、运输企业的部分或全部资源以及相关人员，分级响应。指挥中心主要负责起草重要报告、综合类文件；根据决策中心的要求，统一向上级主管部门和相关部门报送工作文件。

公路交通应急指挥中心包括议事协调分中心和新闻宣传分中心。

(1)议事协调分中心

议事协调分中心是公路交通应急组织指挥工作的议事协调机构，成员由两部分组成：一是政府相关部门领导成员，主要职责是督促各相关部门及时提供各种有用信息，迅速调动社会各方面资源，协调各方面力量，在必要时利用行政职权支持危态下各项工作顺利进行。二是各加盟企业的领导人员，他们对公路交通应急业务流程和实际运作非常了解，可协助公路交通应急指挥工作，以自身的资源和威信保证公路交通应急资源保障的可靠性。议事协调分中心是提升危态时公路交通应急工作衔接和配合顺畅性与默契性的组织机构。

(2)新闻宣传分中心

新闻宣传分中心负责收集、处理相关新闻报道,及时消除不实报道带来的负面影响;按照决策中心要求,筹备召开新闻发布会,向社会公众通报危机事件影响及应急处置工作的进展情况;负责组织有关新闻媒体,宣传报道应急处置工作中涌现出的先进人物与事迹;指导下级管理机构新闻发布工作;承办决策中心交办的其他工作。

4.2.3.4　动员中心的构成和功能

动员中心由决策中心根据危机进展临时建立,受指挥中心的委托,直接负责对加盟公路交通物流、运输企业和其他一些物流节点,主要包括各级公路交通物资储备仓库、配送中心、救助中心、救助站点等的具体指挥与协调工作。根据公路交通应急决策中心安排的任务,利用自身的业务优势、技术优势、网络优势和人员优势,筹集、储备、配送各类公路交通应急物资,在最短的时间内,保质保量地提供应急物资运输保障。

动员中心包括公路抢通分中心、运输保障分中心和通信保障分中心。

(1)公路抢通分中心

公路抢通分中心负责组织公路抢修及保通工作,组织、协调应急队伍调度和应急机械及物资调配;拟定公路绕行方案并组织实施;负责协调社会力量参与公路抢通工作;拟定抢险救灾资金补助方案；承办决策中心交办的其他工作。

(2)运输保障分中心

运输保障分中心负责组织、协调紧急物资的运输工作；负责“绿色通道”政策的制定和实施；负责协调与其他运输方式的联运工作；拟定运输资金补偿方案。

各加盟物流、运输企业，在平时自主经营，进行正常的商业活动，并在公路交通应急指挥中心的指导下，完善设施，制订方案，做好公路交通应急物资的库存管理；危机发生后，接受公路交通应急动员中心的领导指挥，做好公路交通应急物资的筹措和具体运送保障工作。公路交通应急动员中心要及时准确地进行信息公布，快速组织公路交通应急物资的采购、储备工作，对来源多样化的物资进行统一调度、运输与配送，将各项任务合理分配给各加盟物流、运输企业。

(3)通信保障分中心

通信保障分中心负责信息系统的通信保障工作；负责公路交通应急电视电话会议通信保障工作；负责交通主管部门上、下级机构工作文件的上传下达工作；承办决策中心交办的其他工作。

4.2.3.5 日常管理中心的构成和功能

日常管理中心在公路交通应急决策中心领导下开展工作。

常态下的职责包括：负责高速公路、普通国道干线公路、重要客运枢纽的运行监测及有关信息的收集和处理，向社会发布公路出行信息；负责与相关应急管理机构和地方交通运输管理机构的联络、信息上传与下达等日常工作；拟定、修订与公路交通应急相关的各类预案及有关规章制度;组织公路交通应急培训和演练;组织有关公路交通应急科学技术研究和开发,参加有关的国际合作;编制年度工作经费预算草案;参与公路交通应急规划的编制;负责督导物资储备管理分中心和物资运输调度分中心的建设与管理;承办决策中心交办的其他工作。

危态下的职责包括:负责24小时值班接警工作;负责接收、处理协作部门预测预警信息,跟踪了解与公路交通相关的危机事件,及时向决策中心提出启动分级预警状态和应急响应行动建议;负责收集、汇总危机信息及开展应急处置工作的相关信息,编写工作日报;根据决策中心和指挥中心的要求,负责应急处置的具体工作,统一向地方公路交通应急管理机构下发工作文件;承办决策中心交办的其他工作。

日常管理中心包括物资储备管理分中心和物资运输调度分中心。

(1)物资储备管理分中心

物资储备管理分中心负责各项公路交通应急物资的储备、采购和募集。具体来说,负责各项公路交通应急物资的预算、预测工作;指导公路交通应急物资的采购、储存、调拨、使用、回收、维修、报废等环节的管理工作;保障公路交通应急物资按质、按量、按时供应。其管理机制为分级响应、分类调拨和分期规划。

(2)运输调度分中心

常态下,运输调度分中心主要负责对本级公路交通应急指挥中心所辖区域范围内的公路交通运输工具、资源、调运方案数据库的建立和维护;危态下,主要对这些数据库内的资源按照优选路径进行调度和指派,并向邻近区域或者上级指挥中心借调不足运力,以保证公路交通应急有效进行。

4.2.3.6　评估中心的构成和功能

评估中心包括恢复重建、总结评估和财务审计分中心。

(1)恢复重建分中心

恢复重建分中心负责公路危机影响情况统计,组织调研工作;拟定恢复重建方案并组织实施;承办决策中心交办的其他工作。

(2)总结评估分中心

总结评估分中心负责编写应急处置工作大事记;对危机事件情况、应急处置措施、取得的主要成绩、存在的主要问题等进行总结和评估,提出下一步工作建议,并向决策中心提交总结评估报告;承办决策中心交办的其他工作。

(3)财务审计分中心

财务审计分中心主要负责公路交通应急中各项财务支出的预算、决算,以及相应的经费统计分析工作,向政府和民众汇报和公布;并负责公路交通应急管理体系内资金、物资的审计,公路交通应急职权人员贪污、挪用、滥用应急资金或物资等非正常行为的监督。

4.3　公路交通应急运行实施子体系的构建

4.3.1　公路交通应急运行实施子体系的构建原则

公路交通应急运行实施子体系的构建,要体现公路交通应急分类、分级的协调管理原则，即根据危机的严重性、影响范围、持续时间、所需动用的资源等因素，启动相应的公路交通应急分级管理机构及应对预案，妥善调度各类资源进行公路交通应急保障，实现应急物资分类管理、分级管理协调进行的公路交通应急机制。

(1)平急结合，无缝切换

平急结合是构建公路交通应急运行实施子体系的一个基本出发点，它要求将平时的应急准备与危机爆发时的应急实施相结合，实现两者在组织体制、资源准备、指挥程序、队伍装备与反应能力等方面的有机统一，通过常态下的培训和演练来提高危态时的指挥调度能力、快速响应能力与处置操作能力，以更好地满足群众需要。平急结合原则要求危机事件没有发生时，各级公路交通应急机构处于平时运行状态，主要工作是处理一些基本的管理任务，并适时监控相应的指标，当信息反馈体系一旦发现危机事件的先兆，就及时发出预警信号，确定危机响应级别，并采取应对措施；当急时状态被激活后，各级公路交通应急运行实施子体系应立即切换角色，承担所辖区域的各项工作，包括应急决策、指挥调度、组织协调等；在公路交通应急处置结束后，应及时恢复，即退出急时保障状态并恢复平时的管理模式。

(2)全程监控，安全第一

危机给人类社会造成巨大的损失，同时给救援实施也带来更多不确定性。因此，一方面，公路交通应急运行实施子体系应具有对危机全过程进行动态和静态监督控制的机制和能力，能收集包括物资需求、采购、保管、运输、配送、回收等各环节的实时信息，为公路交通应急决策提供可靠依据。另一方面，公路交通应急运行实施全过程要特别强调安全作业的思想。救援一方面会给更多人带去生存和安全的希望，另一方面，会导致救援人员没日没夜地疲劳作战，更容易遭遇质量事故、作业事故和交通事故。因此，在追求救援速度最快的同时，要尽量避免在公路交通应急过程中发生各类安全事故。

4.3.2 公路交通应急运作实施子体系的构建框架

危机发生后能否快速将应急资源运达救援现场，关系到救援效果的好坏甚至是成败。公路交通应急以追求时间效益最大化和灾害损失最小化为目标，在此目标下，公路交通应急运作实施子体系成为了公路交通应急管理体系的重要部分。公路交通应急的实施需要紧急调动大量资源，必须保证应急资源快速、及时、准确地通过公路运输到达事发地。

公路交通应急是一个动态的过程，运行大致可分为“准备、应急、恢复”三个阶段，对应地，可将公路交通应急运行机制划分为“准备机制、应急机制和恢复机制”，这样划分能体现前后阶段循环发展的动态关系。公路交通应急运作实施子体系应包括监测预警、应急处置、恢复重建、信息发布四方面内容，具体内容如图4.2所示。

4.3.3 公路交通应急运作实施子体系的要素分析

4.3.3.1 监测预警

监测预警是公路交通应急处置的基础。对公路交通应

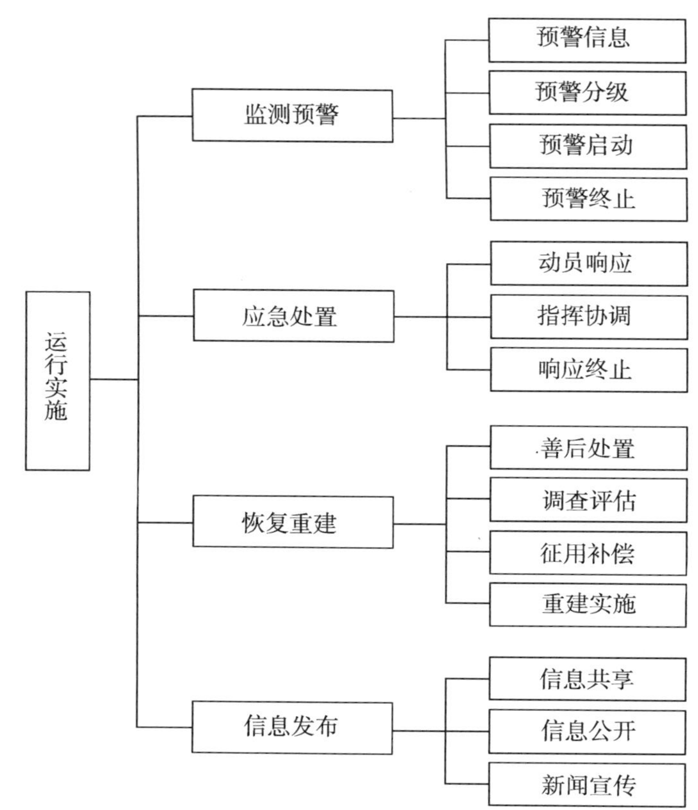

图4.2　公路交通应急运作实施子体系

急运行的各个阶段和各个环节有可能引起风险变化的因素，预警机构或人员开展了监测、识别、评价、预测、预防控制工作，并将有关信息在适当的范围内传递和共享，促使各级公路交通应急指挥决策机构在有限认知和行为能力的条件下，把握未来的风险，做出正确的决策。对早期发现的、影响较大的风险诱因，以及可能发生连锁反应的重大危机，可通过主管领导或部门会同卫生、防疫、地质、气象、消防、防洪、环保等有关专家进行风险预测评估，提供预警建议，及早采取应对措施。

(1)预警信息

各级公路交通主管部门负责公路危机事件预测、预警相关信息的报告工作,以及预测、预警相关信息的接收工作,主要包括:气象监测、预测、预警信息,强地震监测信息,突发地质灾害监测、预测信息,洪水、堤防决口与库区垮坝信息,海啸灾害预测预警信息,重大突发公共卫生事件信息,环境污染事件影响信息,公路损毁、中断、阻塞信息和公路运输枢纽旅客滞留信息等。

(2)预警分级

根据危机事件发生时对公路交通的影响和需要的运输能力分为四级预警,分别为Ⅰ级预警(特别严重预警)、Ⅱ级预警(严重预警)、Ⅲ级预警(较重预警)、Ⅳ级预警(一般预警),分别用红色、橙色、黄色和蓝色来表示。交通运输部负责Ⅰ级预警的启动和发布,省、市、县三级地方交通主管部门分别负责Ⅱ级、Ⅲ级和Ⅳ级预警的启动和发布。

(3)预警启动

公路交通突发事件Ⅰ级预警时,交通运输部应按以下程序启动预警:

①指挥中心提出公路交通突发事件Ⅰ级预警状态启动建议。

②决策中心决定是否启动Ⅰ级公路交通突发事件预警,如同意启动,则正式签发Ⅰ级预警启动文件,公路交通应急各中心进入待命状态。

③Ⅰ级预警启动文件签发后,由指挥中心负责向各级地

方公路交通管理机构下发,并电话确认接收。

④根据情况需要,由决策中心确定此次Ⅰ级预警是否需要面向社会发布,需要时应联系此次预警相关协作部门联合签发。

⑤已经联合签发的Ⅰ级预警文件应由新闻宣传分中心联系新闻媒体,面向社会公众发布。

⑥Ⅰ级预警启动文件发布后,公路交通应急预案自动启动。

⑦指挥中心立即开展监测和预警信息专项报送工作,随时掌握并报告危机事态进展情况,形成动态日报制度,并根据决策中心的要求提高预警报告频率。

⑧公路交通应急各中心积极开展应急准备工作,公路抢通和运输保障分中心开展应急物资的征用准备。

Ⅱ、Ⅲ、Ⅳ级预警启动程序由各级地方交通主管部门参考以上Ⅰ级预警启动程序,结合当地特点,自行编制。在预警过程中,如发现事态扩大,超过本级预警条件或本级交通主管部门处置能力,应及时上报上一级交通主管部门,建议提高预警等级。

(4)预警终止程序

Ⅰ级预警降级或撤销情况下,交通运输部采取以下预警终止程序:

①指挥中心根据预警监测追踪信息,确认预警涉及的公路交通危机事件已不满足Ⅰ级预警启动标准,需降级转化或撤销时,向决策中心提出Ⅰ级预警状态终止建议。

②决策中心在同意终止后,正式签发Ⅰ级预警终止文

件，明确提出预警后续处理意见，并向国务院上报预警终止文件。

③如预警降级为Ⅱ级，指挥中心负责通知Ⅱ预警涉及的省级交通主管部门，省级交通主管部门进入预警启动程序，并向指挥中心报送已签发的Ⅱ预警启动文件。

④如预警降级为Ⅲ或Ⅳ级，指挥中心负责通知预警涉及的省级交通主管部门，由省级交通主管部门组织涉及的市或县启动预警，并向省级交通主管部门和指挥中心报告。

⑤如预警直接撤销，指挥中心负责向预警启动文件中所列部门和单位发送预警终止文件。

Ⅱ、Ⅲ、Ⅳ级预警终止程序由各级地方交通主管部门参考Ⅰ级预警终止程序，结合当地特点，自行编制。

除上述情况外，各级预警在所对应的应急响应启动后，预警终止时间与应急响应终止时间一致，不再单独启动预警终止程序。

4.3.3.2　应急处置

1）应急响应

（1）响应级别

公路交通突发事件按照其可控性、严重程度和影响范围分为特别严重事件（Ⅰ级）、严重事件（Ⅱ级）、较重事件（Ⅲ级）和一般事件（Ⅳ级）四个等级。交通运输部负责Ⅰ级应急响应的启动和发布，省级交通主管部门负责Ⅱ级应急响应的启动和发布，市级交通主管部门负责Ⅲ级应急响应的启动和发布，县级交通主管部门负责Ⅳ级应急响应的启动和发布。

①特别严重事件（Ⅰ级）：对符合公路交通Ⅰ级预警条件的公路交通危机事件或由国务院下达的紧急物资运输事件，由决策中心予以确认，启动并实施本级交通运输应急响应，同时报送国务院备案。

②严重事件（Ⅱ级）：对符合公路交通运输Ⅱ级预警条件的公路交通危机事件或由交通运输部下达的紧急物资运输事件，由省级交通主管部门在省级人民政府的领导下予以确认，启动并实施本级公路交通应急响应，同时报送交通运输部备案。

③较重事件（Ⅲ级）：符合由省级交通主管部门指导编制的公路交通运输Ⅲ级预警条件的公路交通突发事件，由市级交通主管部门在市级人民政府的领导下予以确认，启动并实施本级公路交通运输应急响应，同时报送省级交通主管部门备案。

④一般事件（Ⅳ级）：符合由省级交通主管部门指导编制的公路交通运输Ⅳ级预警条件的公路交通突发事件，由县级交通主管部门在县级人民政府的领导下予以确认，启动并实施本级公路交通运输交通应急响应，同时报送市级交通主管部门备案。

公路交通危机事件按照"条块结合、以块为主"的原则，由属地公路交通管理机构为主处理，统一组织实施响应工作，当危机事件的可控性和影响范围超出属地的保障能力时，可请求上一级管理机构援助。

（2）响应程序

Ⅰ级响应时，交通运输部按下列程序和内容启动响应：

指挥中心提出公路交通突发事件Ⅰ级响应启动建议；决策中心决定是否启动Ⅰ级应急响应，如同意启动，则正式签发Ⅰ级响应启动文件，报送国务院，并召集面向国务院各相关部门、相关地方交通主管部门的电话或视频会议，由决策中心正式宣布启动Ⅰ级应急响应，并由新闻宣传分中心负责向社会公布Ⅰ级响应文件；Ⅰ级响应宣布后，决策中心立即指定成立动员中心，赶赴现场指挥公路交通应急处置工作；Ⅰ级响应宣布后，指挥中心和动员中心立即启动24小时值班制，根据公路交通预案规定开展工作。

省级及以下应急管理机构可以参照Ⅰ级响应程序，结合本地区实际，自行确定Ⅱ、Ⅲ、Ⅳ级公路交通危机事件应急响应程序。需要有关应急力量支援时，及时向上一级交通运输管理机构提出请求。

(3)响应原则

由于不同类型危机发生原因、影响范围、严重程度等都有很大差异，它们在危机发展的各个阶段，对公路交通应急启动与响应的主体、级别、关键措施等决策要素的要求也不尽相同。应明确我国公路交通应急分类与分级管理的机制，进一步整合和完善我国公路交通应急管理体系的日常管理制度。

2)指挥协调

公路交通应急主体——政府在指挥运作实施和资源保障子体系运行的同时，要时刻对各种国际、国内资源进行有效组织、调用和协调；采取措施协调、疏导或消除不利于公路交通应急保障的人为因素和非人为障碍，如多渠道、多部门管理所造成的物资配送与分发在及时性上的“打折”问题。同时，在受灾地区与援助地区的政府之间，地方政府与中央政府之间，政府和社会之间，不能有“脱节”和“盲区”，应实行资源共享。

(1)部省路网协调与指挥机制

当发生Ⅱ级以上公路交通突发事件时，国家指挥中心和事发地交通运输应急管理机构均进入24小时应急值班状态，确保部省两级日常应急管理机构的信息畅通。交通运输部负责建立部与相关省级交通主管部门之间的视频应急会商通道，实现各方会商处置应急事件。指挥中心可通过各省级公路交通应急管理机构协调地方公安交通管理部门，科学实施跨区域公路网交通管制措施，同时及时发布路况信息，引导车辆绕行。

(2)路警联合调度指挥机制

推动地方公路交通应急管理机构建立与公安交警的联合调度指挥机制，实现路警“统一指挥调度、统一使用资源、统一接警号码、统一巡逻执法、统一处置程序、统一信息共享”。

(3)应急资源调用与跨省支援

当省级应急物资储备在数量、种类及时间、地理条件等受限制的情况下，需要调用国家公路交通应急物资储备时，由使用地省级公路交通运输应急管理机构提出申请，经国家决策中心同意，由国家指挥中心下达公路交通应急物资调用指令，国家公路交通应急物资储备中心接到国家指挥中心调拨通知后，负责完成储备物资的发运工作。

在交通运输部协调下,建立省际应急资源互助机制,合理利用各省级应急物资储备和应急处置力量,以就近原则,统筹协调各地方应急力量支援行动。对于跨省应急力量的使用,各受援地方应当给予征用补偿。

(4)武警交通部队的调动

武警交通部队作为国家公路交通应急抢险保通队伍,兵力调动使用应按照有关规定执行。当发生Ⅰ级公路交通突发事件时,由交通运输部负责处置的,由交通运输部向武警总部提出用兵需求,同时报国务院备案。各省(区、市)及所属市、县各级政府不宜直接调用。当省级公路交通应急队伍力量不足时,可上报交通运输部,经交通运输部同意,并向武警总部提出用兵需求,同时报国务院备案。紧急情况下,调动使用不超过1 000人的,可边行动边报告。

武警交通部队遂行应急救援任务时,通常在当地人民政府统一领导下行动。国家或军队成立联合指挥部时,服从统一指挥。根据需要,交通运输部可派出专家组对部队应急救援工作进行现场指导。

(5)现场指挥协调机制

动员中心负责指导、协调公路交通突发事件的现场应对工作,及时收集、掌握相关信息,根据应急物资的特性及其分布、受灾地点、区域路网结构及其损坏程度、天气条件等,优化措施,研究备选方案,及时上报最新事态和运输保障情况。应及时将突发公路交通事件的情况通知有关部门及其应急管理机构、救援队伍。各应急管理机构接到事件信息通报后,应立即派出有关人员赶赴事发现场,在现场指挥部统一指挥下，按照各自的预案和处置规程，相互协同，密切配合，共同实施紧急处置行动。

与公路交通突发事件有关的各级气象、海洋、水利、国土资源等部门应及时、主动向现场指挥部提供有关的基础资料和技术支持；事发地交通、公安部门应提供事件发生前后有关监管检查资料；通信、卫生、新闻等部门应根据现场指挥部请求，配合公路应急队伍开展工作。

Ⅱ、Ⅲ、Ⅳ级突发公路交通突发事件应急响应指挥协调机制，可以由各级交通运输应急管理机构参照Ⅰ级响应程序，结合事件实际情况，自行确定现场指挥协调机制。需要有关应急力量支援时，及时向上一级应急管理机构提出请求。

(6)"绿色通道"准备机制

为保证应急物资的顺利送达，可在重大灾害发生时，建立并开通一条或多条公路交通保障专用通道，在必要时给予应急物资优先通过权，以快捷的方式通过海关、机场、边防检查站、地区间检查站等，从而简化流程、缩短周期、提高效率，让应急物资、抢险救灾人员及时到达受灾地区，最大限度地减少生命财产损失。

(7)社会参与机制

为了使公路交通应急管理体系高效运转，政府首先应建立长效的公路交通应急机制。包括建立不同级别的危机应对的公路交通应急指挥中心，明确职责，协调组织各部门、各渠道的资源，在危机发生时快速、及时地行动，包括在危态下采用物资采购与征用机制、运载工具租用机制、物资发放机制、资金筹集和使用机制、人员组织和调度机制。

(8)社会联动机制

使多方力量联合作战,协力配合,这样才能够调集社会各方面的资源来应对危机,保障公路交通应急高效、顺利地实施。如,与一些大型的运输公司签订临时协议,提出紧急运输要求;取得军方支持,动用军用运输装备、运输专线及专用设施;动员地方干部、民兵、志愿者等多方力量,参与公路交通应急保障工作。

3)应急响应终止

(1)突发事件结束指标

突发事件结束指标包括:危机险情排除,公路恢复通畅;现场抢救活动,包括人员搜救、处置或危险隐患排除已结束;危机所造成的公路交通损害基本得到控制和清除;人员已安全离开危险区并得到良好安置。

(2)应急终止的程序

Ⅰ级应急响应终止时,交通运输部采取以下终止程序:指挥中心根据掌握的事件信息,确认终止时机,向决策中心提出Ⅰ级应急响应状态终止建议;经决策中心决定是否终止Ⅰ级应急响应状态,如同意终止,应签发Ⅰ级应急响应终止文件,提出应急响应终止后续处理意见,并向国务院及国务院相关部门报送应急响应终止文件;新闻宣传分中心负责向社会宣布Ⅰ级应急响应结束,说明应急响应终止后将采取的各项措施。

Ⅱ、Ⅲ、Ⅳ级应急响应终止程序由各级应急管理机构参照Ⅰ级应急响应终止程序,结合本地区特点,自行编制。

4.3.3.3 恢复重建

(1)善后处置

①抚恤和补助。事发地各级公路交通主管部门配合当地人民政府,对因参与应急工作致病、致残、死亡的人员,按照国家有关规定,给予相应的补助和抚恤;对参加应急一线工作的专业技术人员,应根据工作需要确定合理的补助标准,给予补助。

②救援和救助。事发地各级公路交通主管部门应配合民政部门,及时组织救灾物资、生活必需品的调拨和社会捐赠物品的发放,保障群众基本生活。

③奖励和表彰。应急响应终止后,各级公路交通主管部门应组织对参加危机事件应急处置过程中做出贡献的先进集体和个人进行表彰,配合民政部门对在危机事件应急处置工作中英勇献身的人员,按有关规定追认为烈士。

(2)调查评估

总结评估分中心具体负责Ⅰ级响应的调查与评估工作。

省级公路交通应急管理机构应按照国家公路交通应急管理机构的要求上报总结评估材料,包括危机事件发生发展情况、采取的应急处置措施、存在的主要问题、下一步工作安排等。

在公路交通应急进入尾声后,公路交通应急指挥中心应立即启动事后评估工作,包括公路交通应急全程的事前准备、应急响应、组织管理、运作能力、绩效与效率等全方位的评估内容。该评估结果应与审计监督部门的评估结果一并提交给相关领导部门进行备案和总结,进行预案更新,以指导下一次危机应对时的公路交通应急工作。

(3)征用补偿

目前我国公路交通应急补偿机制很不健全,而在公路交通应急组织运作中,由于危机应对时间的紧迫性和资源的稀缺性,往往临时征用大量企事业单位的人力和物资,而在事后不了了之。因此,建立健全补偿机制,让人们在危机应对中能够真正积极、自愿地参与进来,才能有助于公路交通应急得到可靠、有效的资源补给。

①国家公路交通应急物资储备的补偿。在由交通运输部负责处置的Ⅰ级突发事件和经交通运输部审批同意的其他应急事件中使用国家公路交通应急物资储备,采取"无偿使用"原则,对可回收重复使用的应急储备物资由使用地交通主管部门负责回收、清洗、消毒和整理,由代储单位清点后入库。损耗、损毁的物资由交通运输部负责补充。其他等级突发事件应急使用国家公路交通应急物资储备的按照"谁征用,谁补偿"的原则,根据国家有关规定进行征用补偿。

②其他应急物资征用补偿。公路交通应急保障行动结束后,由被征用单位(或个人)向征用交通主管部门递交应急征用补偿申请书。交通主管部门接到补偿申请后,按规定发出行政补偿受理通知书,并结合有关征用记录和事后调查评估的情况,对补偿申请予以审核,审核通过后,发出应急征用补偿通知单,并按有关规定予以补偿。

各级交通主管部门负责相应级别的公路交通应急保障征用补偿工作,并报告上级交通主管部门。对在突发事件中伤亡的有关应急保障人员,征用的有关应急队伍、装备和物资等,要按照规定给予抚恤、补助或补偿,并提供相关心理和司法援助。

行政征用补偿形式可包括:现金补偿、财政税费减免、实物补偿和其他形式的行政性补偿等。

(4)重建实施

重建实施工作由事发地省级公路交通主管部门负责。需要交通运输部援助的,由事发地省级公路交通主管部门提出请求,交通运输部相关工作机构根据调查评估报告提出建议和意见,报决策中心经批准后组织实施。事发地恢复重建措施落实情况及时上报指挥中心,必要时,由指挥中心组织专家进行现场指导。

4.3.3.4　信息发布

危机报告是公路交通应急决策部门掌握危机发生和发展形势、评估危害等级、预测受灾群众需求、检验公路交通应急运作能力等信息的重要渠道,因此,应及时、准确地收集和传递信息,以实事求是的科学态度和多渠道的方式来报告和发布信息,以更好地组织应急运输、调配运力和物资,减少不必要的浪费。

(1)信息共享

①由指挥中心负责建立信息共享机制与渠道,负责全国公路交通突发事件信息的汇总和处理。

②国务院相关部门按照国家应急管理要求和部门职责及时提供相关突发事件信息;地方公路交通部门和单位及时提供各类事件的信息报告和必要的基础数据。

③指挥中心将信息复核确认后上报决策中心,并及时通

报动员中心。

（2）信息公开

①特别重大公路交通突发事件信息发布由指挥中心负责，其他公路交通突发事件发布由各级公路交通应急管理机构负责。

②发布渠道包括内部业务系统、交通运输部网站和指挥中心管理的服务网站，以及经交通运输部授权的各媒体。

③公路交通突发事件相关信息发布应当加强同新闻宣传分中心的协调和沟通，及时提供各类相关信息。

（3）新闻宣传

①Ⅰ级公路交通突发事件的新闻发布与宣传工作由新闻宣传分中心负责，承担新闻发布的具体工作。其他级别事件分别由地方交通主管部门负责组织发布，并按要求及时上报上级交通主管部门备案。

②新闻宣传分中心负责组织发布公路交通突发事件新闻通稿、预案启动公告、预警及应急响应启动公告、预警终止与应急响应终止公告，传递事态进展的最新信息，解释说明与突发事件有关的问题，澄清和回应与突发事件有关的错误报道，宣传公路交通应急管理工作动态，组织召开突发事件相关各单位、部门参加的联席新闻发布会。

③新闻发布主要媒体形式包括电视、报纸、广播、网站等；新闻发布主要方式包括新闻发布会、新闻通气会、记者招待会、接受多家媒体的共同采访或独家媒体专访、发布新闻通稿。

④Ⅰ级公路交通突发事件相关新闻发布材料包括新闻

发布词、新闻通稿、问答参考和其他发布材料，由动员中心及时提供相关材料，新闻宣传分中心汇总审核，其中Ⅰ级公路交通突发事件相关新闻发布材料须经决策中心审定。

⑤涉外突发事件由交通运输部会同外交部，统一组织宣传和报道。

⑥同相关部门建立多部门重大信息联合发布机制，并以会议纪要或者其他规范性文件的形式予以规定。

4.4 公路交通应急资源保障子体系的构建

4.4.1 公路交通应急资源保障子体系的构建原则

公路交通应急实施仅依靠组织指挥和运作实施体系是难以进行的，还需要公路交通应急管理体系中各个资源保障子体系的有效补给。因此，建设好资源保障子体系，是公路交通应急成功运行的关键之一。资源保障子体系应满足以下构建原则：

(1)要有法律法规制度上的保障。目前，国家已出台的应急相关系列政策、规划和法律均缺乏明确的、专门的公路交通应急保障条款。

(2)要有物质上的保障。即做好物资上的充分准备，对所有类型危机都适用的通用物资和某类危机专用的应急物资，要分别编制详细的储备计划和管理措施。

(3)要有资金保障。政府有必要在危机管理基金中设立专款专用的保障基金。

(4)要有基础性支撑保障。包括公路基础设施、信息网络的保障和支持。

(5)要有组织和人员支持。危机事件对物资补给的需求量往往很大,要求大量社会物流或运输企业、专业人员、社会志愿者参与到公路交通应急各环节活动中。

4.4.2 公路交通应急资源保障子体系的构建框架

公路交通应急资源保障子体系是确保公路交通应急顺利实现的前提条件。公路交通应急资源保障子体系由人员保障、资金保障、物资设备保障、基础设施保障、运输保障和技术保障六大要素组成,具体内容如图4.3所示。

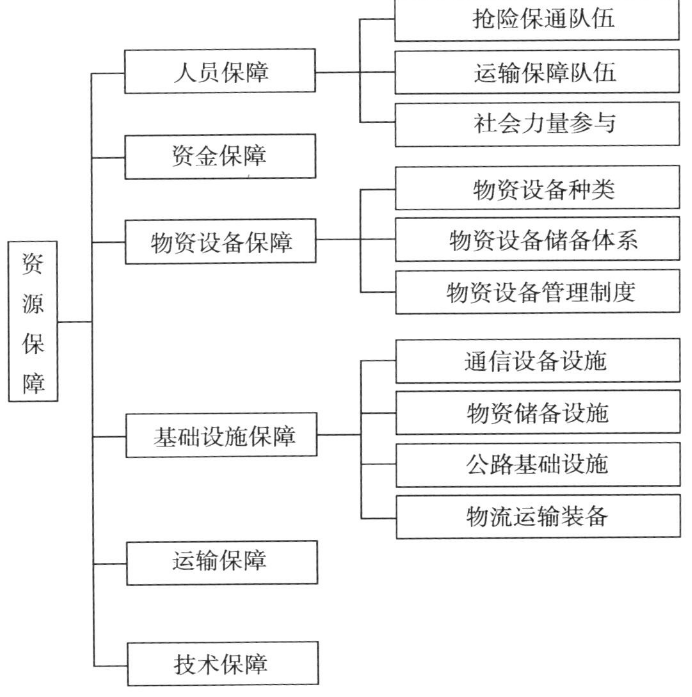

图4.3 公路交通应急资源保障子体系

人员保障是指公路交通应急管理体系的人力资源保障，包括各级各类专业人员、公路交通应急骨干和突击力量，还有社会志愿者等群众力量；资金保障是指公路交通应急保障所需的各项经费，应按规定程序列入各级交通主管部门年度财政预算，并纳入各级财政预算；物资设备保障是对公路交通应急运输、库存保管、搬运装卸、包装等相关设备和工具等，及其数量规模、品种结构、来源方式、布局形式、存在状态等进行动态掌控，它构成了公路交通应急有效运作的物质基础；基础设施保障是指具有公路交通应急功能的公路及沿线上的各种固定设施等基础设施的畅通；运输保障是指掌握公路交通运输方案，监控物资的全程运输，清除运输通道障碍，保证运输畅通，使应急物资迅速抵达任何需要的地方；技术保障是指有关公路交通应急的基础理论、应用理论和技术基础等。

4.4.3　公路交通应急资源保障子体系的构建要求和内容

4.4.3.1　人员保障构建要求和内容

人员保障包括公路交通应急决策人员、指挥人员、协调人员、作业人员、运输人员、技术人员等各类专业人员，以及社会志愿者组成的群众力量等。

各级交通部门应按照“平战结合、因地制宜，分类建设、分级负责，统一指挥、协调运转”的原则建立公路交通应急队伍。

1）公路交通应急抢险保通队伍

（1）国家公路交通应急抢险保通队伍

国家现已将武警交通部队1个总队级、12个支队级单位约12 000名兵力作为国家公路交通应急抢险保通队伍，整体纳入国家应急救援力量体系。应按照确保首都，优先考虑重要交通枢纽、自然灾害多发区等要求，在危机频发地区以及公路路网的重点路段和节点部署专门力量。

(2)地方公路交通应急抢险保通队伍

省、市级应急管理机构负责应急抢通保障队伍的组建和日常管理。构建以高速公路及普通国省干线沿线公路养护管理部门、路政管理部门、公路养护工程企业为主体的公路交通应急抢通保障队伍，按照路网规模、结构、地域分布特点，采取全社会范围内公开招标的方式择优选择公路养护工程企业，并与之签订合作合同，明确技术管理要求、应急征用的条件和程序、征用补偿的标准和程序以及违约责任等，规范公路交通应急抢通保障行为，保障参与公路交通应急抢通保障企业的利益。

省、市公路交通应急管理机构统一调度本级应急救援物资储备点的各类应急物资、机械设备，由本级应急抢通保障队伍用于公路的应急抢险。在发生特别严重公路突发事件时，由指挥中心统一调度各类储备物资和设备，组织实施跨省的应急抢险、救援工作。

2)公路交通应急运输保障队伍

(1)国家公路交通应急运力储备

交通运输部在全国范围内建立国家应急运力储备。在全国重点区域，择优选择大型公路运输企业，纳入国家公路交通应急运输储备体系。在发生特别严重公路突发事件时，由运输保障小组统一指挥、调度，保障各类重点物资、抢险救灾物资运输和人员疏散。

（2）地方公路交通应急运输保障队伍

省、市、县各级公路交通应急管理机构负责所辖区域内应急运输保障队伍的建设工作，按照“平战结合、分级储备、择优选择、统一指挥”的原则在本辖区内建立应急运力储备，选择达到一定标准的道路客货运输企业，通过协商达成应急运力调用协议，明确纳入应急运力储备的车辆数量、类型、技术状况，以及对运输人员和车辆管理的要求、应急征用的条件和程序、征用补偿的标准和程序以及违约责任等，通过协议规范应急运输保障行为，并保障参与应急运输保障企业的利益。

（3）运输装备及技术状况

应急运输保障车辆的技术等级要求达到二级以上技术标准，车辆使用年限和行驶里程应满足一定要求。应建立应急运输车辆技术档案制度，及时了解和掌握车辆的技术状况。应急运输车辆所属单位负责保持应急运输储备车辆处于良好的技术状况，并强化应急运输车辆的日常养护与保养工作。应急运输保障指挥机构应结合所辖区域内突发事件的特征确定相应的应急物资运输装备，满足不同种类应急物资的运输需求。

（4）应急运输人员

应急管理机构和执行应急运输保障的单位应按照相关标准确定从事保障运输的人员，包括驾驶员、押运员和装卸员。保障运输人员应有一定的年龄控制，身体健康，政治素质高,熟悉有关政策法规。在执行应急运输任务时,应由各级应急管理机构统一配发证件和必要的用品。

(5)应急运力的备案管理

应建立相应的应急运力储备档案,包括运力单位、运力数量、类型及人员数量等,并报告上级公路交通应急管理机构备案。每年针对储备运力的技术状况、单位及人员变动进行审查,对运力储备及时进行调整、补充,及时报告上级应急管理机构更新备案。纳入国家公路交通应急保障队伍的运输或物流企业,应按照统一要求将储备运力、人员等情况备案。

3)社会力量应急与参与

各级应急管理机构应根据属地的实际情况和突发事件特点,编制社会应急方案,明确应急的范围、组织程序和决策程序。在公路交通自有力量不能满足处置需求时,应向同级人民政府提出请求,请求动员社会力量,协调人民解放军、武警部队参与应急处置工作。

(1)应急人员安全防护

应急管理机构应协调有关部门提供不同类型危机事件应急人员的安全防护装备并发放使用说明,采取必要的安全防护措施。

(2)应急人员要求

公路交通应急人员多为临时抽调而成,具有较大的不稳定性。特别是公路交通应急决策和指挥人员,在整个公路交通应急管理体系中处于最为核心和关键的地位,应选择具有多次实战经验的专业人员担当,并要充分重视和发挥决策专家的作用,以科学调度多来源、多去向的应急物资,并切实提高公路交通应急作业效率。

危机发生初期,解放军、武装警察部队作为主体力量,往往承担起大量的救援工作。为形成整体保障合力,当前军队和地方力量的协调机制仍需完善,从而切实提高应急反应能力和应急保障效率。

对可能参与公路交通应急的各类专业人员应定期进行相关知识、技能和防护的培训,定期组织有关部门对专业队伍和预备队伍知识掌握、技能熟练程度、实战应对能力、防护意识、敬业及责任心等方面进行评估,并根据评估结果及时调整管理策略,优化人员结构。

4.4.3.2　资金保障构建要求和内容

公路交通应急活动中的资金流是不能忽视的管理环节。尽管国家每年都从财政预算中预留一定资金用于重大危机的应对与处理,但往往满足不了现实需求。因此,应不断创新资金的筹措和管理方式,如动员全社会力量,保证资金储备的计划性、经常性和市场性十分重要。

公路交通应急保障所需的各项经费,应按照现行事权、财权划分原则,分级负担,并按规定程序纳入各级交通主管部门年度财政预算。国家和地方公路交通应急物资储备中心的物资采购、运输、储存的相关费用,纳入各级财政预算。国家指挥中心应根据每年开展宣传、教育、培训、演练等日常工作所需经费编列年度预算,报决策中心审批,并统一负责该项工作经费的管理与使用。对受危机事件影响较大和财政困难的地区,根据事发地实际情况和省级交通主管部门的请求,交通运输部应适当给予支持。鼓励自然人、法人或者其他组织按照《中华人民共和国公益事业捐赠法》等有关法律、法规的规定进行捐赠。各级交通主管部门应建立有效的监管和评估体系,对公路交通突发事件应急保障资金的使用进行监管和评估。

4.4.3.3 物资设备保障构建要求和内容

(1)物资保障构建要求

①有速度保障。应急物资重在解决特、重大危机发生后的抢险、救援和安置工作,以妥善解决和应对危机各阶段的民生问题。因此,物资筹措的第一个要求就是要快。要做到快,一方面要求应迅速做出决策,对应急资源配置和调度方案进行选择和程序优化,保证公路交通应急尽早开始;另一方面要求应拓宽物资筹措渠道,保证应急物资需求能够尽快地满足。

常见的渠道有:

a. 应急调拨:及时对受灾地区的平时储备物资进行调用。我国已形成一个"交通运输部—省交通厅—市交通局—县交通局"的四级储备体制,平时由各地方交通局进行分级代储管理。若当地应急物资储备量有限,应以最快速度通过上一级公路交通应急指挥协调机构向邻近地区调拨,或者通过公开征集、网上采购等方式进行缺额物资的保障。

b. 强制征用:当灾情严重、情况紧急时,由政府出面征用公路交通物流企业的运输物资,事后按照规定进行补偿。

c. 紧急采购:可以通过公共信息平台在网上进行采购或公开募集工程建设与养护设备用品,供应商应该是信誉高、质量好、价格合理的设备生产厂家或专业养护公司。

②有数量保障。通过多渠道的应急物资筹措，主要目标是保证在最短时间内筹措到最多的物资，满足更多灾民的紧急需求。因此，数量保障是应急物资保障能力的关键指标。各级应急物资保障应能对各种渠道筹措物资能力有明确的评估、排序，并提前做出应急计划和预案。

③有质量保障。应急物资保障还应有明确的质量要求，不能片面追求"牺牲质量"前提下的"快速"和"数量"。应完善应急物资储备入库质检制度，平时加强对应急物资供应商、加盟物流企业的审核等。

④有信息记录。无论这些应急物资是集中到储备中心后再运输配送，还是跳过储备环节直接运输配送，都应做好相关的信息记录，以便后续统计和审计。

(2)应急物资设备种类

应急物资包括公路抢通物资和救援物资两类。公路抢通物资主要包括沥青、碎石、砂石、水泥、战备钢桥、钢板、木材、编织袋、融雪剂、防滑料和吸油材料等；救援物资包括方便食品、饮用水、防护衣物、装备、医药、照明、帐篷、燃料、安全标志、车辆防护器材，以及常用维修工具、应急救援车辆等。

应积极探索建立实物储备与商业储备相结合、生产能力储备与技术储备相结合、政府采购与政府补贴相结合的应急物资储备方式，强化应急物资储备能力。同时，各级应急管理机构应采取社会租赁和购置相结合的方式，储备一定数量的大型机械，如挖掘机、装载机、平地机、撒布机、汽车起重机、清雪车、平板拖车、运油车、发电机和大功率移动式水泵等。

(3)应急物资设备储备制度

应建立国家与地方公路交通应急物资分级储备制度。

根据高速公路的分布情况,确保应急物资调运的时效性和覆盖区域的合理性,以"因地制宜、规模适当、合理分布、有效利用"为原则,结合各地区的气候与地质条件,建立若干国家公路交通应急物资储备中心。

省、市交通主管部门应根据辖区内公路突发事件发生的种类和特点,结合公路抢通和运输保障队伍的分布,依托行业内养护施工企业和运输企业的各类设施资源,合理布局、统筹规划建设本级公路交通应急物资储备中心。

(4)应急物资设备管理制度

国家公路交通应急物资储备中心实行应急物资代储管理制度,由交通运输部负责监管,物资的调度和使用须经交通运输部同意。担负国家公路交通应急物资储备任务的省级交通主管部门为代储单位,负责具体建设与管理工作。

代储单位应对储备物资实行封闭式管理,专库存储,专人负责。应建立健全各项储备管理制度,包括物资台账和管理经费会计账等。储备物资入库、保管、出库等应有完备的凭证手续。代储单位应按照交通运输部要求,对新购置入库物资进行数量和质量验收,并在验收工作完成后将验收入库的情况上报国家指挥中心。

地方公路交通应急管理机构应建立完善的应急物资设备管理规章制度,编制采购、储存、更新、调拨和回收各个工作环节的程序和规范,加强物资设备储备过程中的监管,防止储备物资设备被盗用、挪用,防止其流失、失效,对各类物资及时予以补充和更新。

4.4.3.4 基础设施保障构建要求和内容

公路交通应急顺利实施离不开设施设备的保障,公路交通应急设施设备保障从构成要素来说,包括通信设备、物资储备设施、公路基础设施通道、物流运输装备等。发达的通信设备有助于在灾前及时预警,在灾中实时响应;物资储备设施和运输装备的齐备性和先进性有助于保障公路交通应急作业安全和提高作业效率。应合理布局公路交通应急物资储备中心对应急物资的仓储、包装、运输、装卸、流通、配送和信息等功能环节进行有效集成与协调。

随着现代危机发生发展的不确定性和损失破坏性的增强,还要完善和新建一批适用公路交通应急的专用设施,研究开发用于公路交通应急的非常规装备,提高公路交通应急装备设施的可靠性和先进性,以切实提升公路交通应急保障能力。

4.4.3.5 运输保障构建要求和内容

运输保障是公路交通应急有效运作的关键所在,保障内容涉及监控货物全过程运输、保证运输工具和堆码场所的可用性和运输通道的畅通性等。具体来说:

(1)要结合具体环境,做好运输与配送网络的设计和安排,掌握运输方案,包括货物吨位、分装车辆和行驶路径等,并对应急物资的启运、抵达时间进行全面监控。

(2)对于参与运送应急物资的单位车辆,发放特别通行证，开设应急救援绿色通道，以有效简化作业程序，使应急物资和救灾人员迅速、及时地通过公路收费站，到达受灾地区。

(3)特大灾害往往造成公路交通的阻断或延迟，因此，一方面要在平时加强非常规运输通道的基础设施、设备的建设；另一方面，应迅速成立应急物资集散地或转运基地，并对受损公路进行抢通与养护保通，预留充足运力或随时组织运力投入运输。

(4)应完善公路交通应急法规体系，使社会交通在统一指挥下，不断扩大和增强保障力量，确保公路交通运输通畅。如，可与一些大型的运输或物流公司预先签订协议或临时签订协议，满足紧急运输要求；也可与军方合作，动用军用运输装备和运输专线配送与发放物资；还可借用社会资源，如，将非政府组织、志愿者、当地群众等的力量充实到应急物资的配送和发放终端。

(5)优化各种交通方式的协作运行机制，充分利用公路、铁路、水路、航空、管道等立体运输网络，做好不同运输方式的衔接与配合，以加速应急物资的周转速度。应整合各种交通运输方式和网络，确保当公路运输方式中断时，其他方式能及时补充。

4.4.3.6　技术保障构建要求和内容

依托科研机构，加强应对危机事件技术支撑体系的研究，建立危机事件管理技术的开发体系和储备机制；制订研发计划，借鉴国际先进经验，重点加强智能化的应急指挥通信技术装备、辅助决策技术装备、特种应急抢险技术装备的研制工作；开展预警、分析、评估模型研究，提高防范和处置重大公路突发事件的决策水平；建立包括专家咨询、知识储备、应急预案、应急资源等数据库。

（1）调度体系的构成和功能

公路交通应急调度体系的核心是公路交通应急调度中心。调度中心的任务是对应急物资制订运输计划和安排配送进度。调度中心根据公路交通应急领导决策机构和指挥协调机构的指令，向各加盟物流中心、运输企业和其他组织发送指令信息，督促这些组织和机构及时做好各项运输作业的准备工作，合理调配运力，并要求这些组织机构实时回馈信息，在信息双向传递过程中发现问题，及时采取措施加以解决，确保救援物资及时送达。公路交通应急调度工作的基本要求是快速和准确。所谓快速，是指在应急目标的约束下，调度管理的工作节奏要加快，各种偏差发现快，采取措施处理快，向上级领导、指挥中心和有关组织反映信息快。所谓准确，是指发送指令准确无误，情况判明准确，发现问题准确，查找原因准确，采取措施准确。因此，要建立健全公路交通运输应急调度机构，明确工作职责，配备相应技术装备，建立一套适合危机应对的有效调度制度（如值班制度、调度会议制度、现场调度制度、调度报告制度等），采取有效对策的调度办法。

（2）运输配送体系的构成和功能

各类突发性危机一般扩展都比较迅速，为了使各类应急物资能够在最短时间内送达危机所在地，应急管理机构需充分做好应急物资的有效调配工作。公路交通应急应根据危机的种类和级别，规划并建立相应级别的公路交通应急配送网络，应用先进的方法计算最短路径、最佳库存、最优配送方案等，精简中间环节，减少物资在途时间，以适应品种多、批量大的应急物资供应特点；可将各类应急物资进行分拣、包装、简单加工，并以最快的速度和最合理的方式送达到各个救助点，然后由地方干部、部队、武警、公安、志愿者、防疫人员、医务人员等多方力量分发给受灾群众。

公路交通应急运输配送应充分整合现有社会资源，如联合运输与配送行业内资信好、价格合理的物流企业进行协同式配送；借助大型物流企业的供应链、连锁网络、区域性甚至全国性大型商业贸易市场来组织应急物品投放市场；紧急情况下可向军方求援，动用军用运输装备及相关设施，切实保障公路交通应急快速安全运输与配送；为了保证应急物资从储备库、紧急采购供应商及非灾区捐赠点运送到灾区附近的临时存放区的及时性和安全性，应安排专人押运；利用公共信息平台，优化应急物资、运力的供需匹配，加强公路交通应急指挥中心对电子商务的运用，简化流通过程，提升公路交通应急运输配送的快速反应能力。

4.5 公路交通应急决策辅助子体系的构建

公路交通应急决策辅助主要指各级政府针对公路交通应急制定的法律法规、政策、预案和各类制度等，用以规范各相关利益主体的权利、职责和应尽的义务，做到有法可依，有案可行，如图4.4所示。

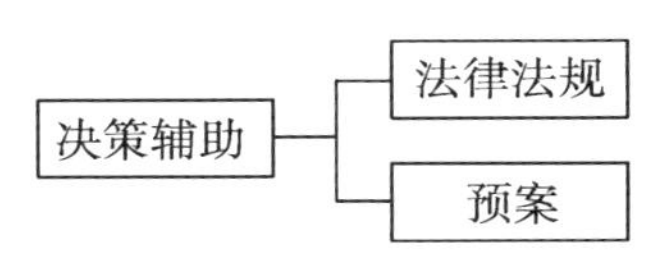

图4.4 公路交通应急决策辅助子体系

4.5.1 公路交通应急法律法规体系的建设

公路交通应急中的法律机制既是一种强制性的应急机制,可以规范个人、社团和政府部门在非常时期的权利、职责和义务,如公路交通应急管理体系各组织机构的法律地位和职责范围;又是一种强制性保障机制,可以保障特殊人群在特殊时期和地点的秩序和公正。

为有效组织公路交通应急,政府应颁布一些强制性的规章、政策来调动各方面资源,协调各方面力量。如,通过法规来充分调动群众团体、红十字会等民间组织、基层自治组织和社会公众在公路交通应急中的作用,保证公路交通应急配送速度和广度,并应通过法规对民间应急物资的征用和补偿机制进行明确。例如,在危机发生后,政府有权有偿还是无偿征用车辆等运输物资,是否应在危机结束之后追加补偿,这些均需要相应的法律法规作为保障,以充分调动民间应对危机参与公路交通应急的积极性。因此,应建立健全公路交通应急法律法规,加强对公路交通应急的立法工作,使公路交通应急的实施有法可依、有章可循。

4.5.2 公路交通应急预案体系的建设

公路交通应急预案就是危机应对的准备计划,涉及职责分工、运作流程、管理规则、沟通方式、资源分配路径、个人责任等,在这个应对计划中应要清晰地明确。公路交通应急预案的内容需要更科学、合理和可行。相关职能部门应根据本地区发生的危机特点和规律,在《国家突发公共事件总体紧急预案》的框架下，在平时或危机发生之前就应会同有关部门编制本行政区域内专门的公路交通应急预案，确保公路交通应急反应迅速、处置果断。

公路交通应急预案体系的建立应根据不同类型的危机进行区分，特别是一些大范围、大破坏性的灾害，如特大洪水、特大地震灾害等。需要研究历史灾害事件，比照其他国家或地区的预案，归纳出不同类型危机的公路交通应急规律，包括危机发生和持续的时间规律、民众的物资需求、特殊的应对策略等，再分门别类地设置预案。

公路交通应急预案应针对特别重大、重大、较大和一般等不同级别，区分国家、省、市、县等不同层级，考虑地理环境、地域经济、背景条件、运输条件的差异性，以增强预案的可行性、科学性和有效性。在公路交通应急运作实施体系中，每个环节主体都应有自己的预案。例如，承担运输任务的运输中心的预案，物资储备与管理中心的预案，社会物流、运输企业的预案，等等。

公路交通应急预案除了做好"预"的制度性建设外，还要加强应急队伍和预备队伍的实体性建设，要求这些队伍在平时按照预案要求进行应急演练，在危机发生后立刻行动起来承担他们应尽的职责。

4.6 公路交通应急信息支撑子体系的构建

4.6.1 公路交通应急信息支撑子体系的构建要求和内容

由于危机发生和演变的不确定性，及时、充分地获得信息，科学、准确地分析信息是公路交通应急科学决策和早期预警的前提，实时地传递和发布信息是组织应急资源、进行指挥调度的基础。信息系统贯穿所有公路交通应急环节，承担存储资源信息、实时动态监控、辅助管理决策等功能，其有效建立和运行显得尤为重要及必要。

（1）应在国家危机应对信息平台的框架下，独立构建高效、畅通的公路交通应急信息系统专业平台，全面提升我国公路交通应急信息化水平，以满足应对紧急状态的要求。

（2）信息平台应与公路交通应急指挥中心、组织指挥等其他子体系，地震、气象、卫生防疫、环保等部门，加盟物流中心和运输企业等保持密切的联系，及时掌握各种危机及其现场情况、应急物资需求种类和数量、应急储备物资的布局和库存，应急采购的缺口大小、加盟物流企业资源情况、分级运力的结构和分布、灾区交通状况、物资运转情况等方面的信息，并输入到实时更新的公路交通应急基础数据库中进行分析和评估，为公路交通应急决策与指挥服务，从而全面提升公路交通应急的决策水平、运作质量和运行效率。

（3）信息平台应具有适应性强、功能强大、反应灵敏、高低端结合、高科技与传统手段并举等特点，其管理中心应具有预警、跟踪与反馈的功能，以预防和应对危机发生和演变过程中的风险事件。

（4）应健全公路交通应急信息管理机制，包括信息采集机制、信息报告机制、信息发布机制、信息共享机制、信息处理机制等。

4.6.2 公路交通应急信息平台的涵义、构成要素和功能

4.6.2.1 公路交通应急信息平台的涵义

公路交通应急信息平台,是满足危机发生时公路交通应急运作的需要,向危态下公路交通运输各环节相关用户提供信息交互、共享服务的开放式平台。它通过对公共交通数据(如交通流背景数据、物流货物跟踪信息、政府部门公共信息、物流企业运力信息等)的采集、分析及处理,为公路交通应急各参与方提供基础支撑信息,满足公路交通应急信息系统中部分功能(如运输方案编制、车辆调度、货物跟踪、交通状况查询等)对信息的需求,支撑公路交通应急信息系统功能的实现。

在充分整合现有交通信息资源的基础上,应加快建立和完善"统一管理、多网联动、快速响应、处理有效"的公路交通应急信息平台体系。公路交通应急信息平台体系包括交通运输部、省市级交通管理部门所属的公路交通应急信息平台,以及依托中心城市,辐射覆盖城乡基层的面向公众的信息接报平台和信息发布平台。

部级公路交通应急平台应针对公路交通领域危机事件信息的接报处理、跟踪反馈和应急处置等需要,与相关应急平台实现互联互通,重点完成预警预测、信息报告、指挥调度和异地会商等功能,并能够向国务院应急平台提供公路交通专业数据和实时图像等信息。

省级公路交通应急平台应在满足本地区交通应急管理需要的基础上,实现部级、省级、市级应急平台的互联互通,

重点实现综合协调、监测监控、信息报告、综合研判、调度指挥、异地会商和现场图像采集等主要功能，并能够及时向部级公路交通应急平台提供数据、图像、资料等。

市级公路交通应急平台在满足本地区公路交通应急管理需要的基础上，实现省级、市级应急平台的互联互通，重点实现监测监控、信息报告、综合研判、调度指挥和现场图像采集等主要功能，并能够及时向省级公路交通应急平台提供数据、图像、资料等。

各级交通应急平台必须统筹规划、统一建设，其中运输管理与路网管理应急指挥系统可根据需要集中部署在各级交通主管部门，也可分别部署在运输管理和路网管理部门，但必须与交通应急平台之间实现互联互通、数据共享。

公路交通应急平台的基本构成应包括：应急指挥场所、应急移动平台、基础支撑系统、数据库系统、综合应用系统、信息接报与发布系统、安全保障体系和标准规范体系；并应具有风险隐患监测、综合预警预测、信息接报与发布、综合研判、辅助决策、指挥调度、应急保障、应急评估、模拟演练和综合业务管理等功能。

4.6.2.2　公路交通应急信息平台的构成要素

作为公路交通应急信息支撑体系中的关键节点，信息平台应由八大要素组成，它们分别是调度信息、政府职能、情报通信、预警预测、基础数据、信息发布查询、用户管理和平台维护中心，如图4.5所示。

其中，调度信息是整个平台的核心；政府职能、信息发布查询和用户管理是分别面向政府、社会公众和加盟企业用户的平台界面；情报通信、基础数据和平台维护中心是整个公路交通应急信息平台运行的基础保障；预警预测则相对独立，主要是监控信息平台的运作，并负责将准确有效的信息输出至预警预测，作为公路交通应急领导指挥部门决策的重要参考。

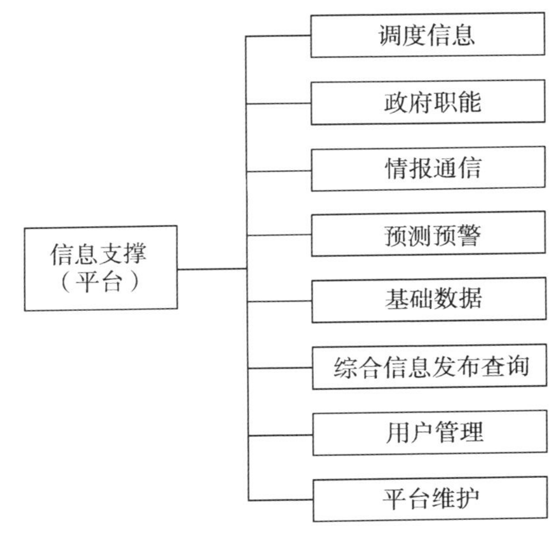

图4.5　公路交通应急信息支撑体系（信息平台）

4.6.2.3　公路交通应急信息平台的功能

公路交通应急信息平台，不同于政府或企业的内部信息平台，应具有以下几个方面的功能：一是对应急供需信息进行采集，实现对应急需求的准确感知；二是与社会上现有的物流枢纽信息平台和商业性物流信息平台进行联网，以最有效地整合资源；三是为参与公路交通应急的各方进行信息匹配，如应急物资的生产商、需求者、各加盟物流中心、运输企业等，避免物资和运力供需不平衡；四是为公路交通应急的各级领导指挥机构提供决策和监管信息，对应急物资筹措、运输、仓储、配送等四个实体功能的支持和管理的全程运作；五是为相关部门，如地震、气象、卫生防疫等部门提供实时的辅助信息，促进公路交通应急与其他应急体系的关系；六是作为政府应急部门及时向公众发布信息的平台和公众实时反馈信息的渠道，提高公路交通应急的实施效率，使公路交通应急管理体系的系统功能得以充分发挥。

本 章 小 结

构建公路交通应急管理体系，就是要“有管理机构、有运行机制、有保障系统、有政策法规、有信息平台”。公路交通应急管理体系由组织指挥、运行实施、决策辅助、资源保障和信息支撑这五个子体系构成，它们是应急准备、应急实施和应急恢复等工作顺利开展的基础。其中组织指挥体系包括决策中心、专家咨询中心、指挥中心、动员中心、日常管理中心、评估中心六大要素；运行实施体系由预测预警、应急处置、恢复重建、信息发布四项内容组成；决策辅助体系划分为法律法规、预案体系两方面；资源保障体系由人员保障、资金保障、物资设备保障、基础设施保障、运输保障和技术保障六大要素组成；信息支撑体系由调度信息、政府职能、情报通信、预警预测、基础数据、信息发布查询、用户管理和平台维护中心八大要素组成。本章重点提出了组织指挥、运行实施、决策辅助、资源保障和信息支撑这五个子体系的构建思路、内容和要求等。

第  章

公路交通应急管理体系敏捷性评价分析

本章拟在敏捷理论与方法研究的基础上，针对构成公路交通应急管理体系的各个子体系，按照应急管理的不同阶段构建敏捷性评价指标体系，并计算指标权重，确定影响公路交通应急管理体系敏捷性的核心要素。具体步骤如下：第一，明确公路交通应急管理体系敏捷性的内涵、特征；第二，确定公路交通应急管理体系敏捷性评价的思路与原则、意义与方式；第三，分析与构建公路交通应急管理体系敏捷性评价指标；第四，以玉树地震为例，对公路交通应急管理体系敏捷性评价指标进行权重分析，并根据敏捷性指标的权重分析结果，确定影响公路交通应急管理体系敏捷性的核心要素。

5.1 公路交通应急管理体系敏捷性的内涵

由以上分析可知，公路交通应急管理体系敏捷性是指公路交通应急管理体系为应对危机变化不断实现自我适应调整，以动态优化的形式配置资源，快速、经济、稳定地满足战争和突发事件引发的公路交通需求的能力，包含以下内涵：

(1)时间快速性

公路交通应急强调的时间快速性是指应急准备、实施和恢复全过程的快速性。应急准备阶段,应急组织通过快速调整结构降低无效的资源配置,并提高管理体系柔性。应急实施阶段,利用各种技术和手段快速地为战争或突发事件提供物资,充足的物资供给可以保障战争胜利和减少各类突发事件的损失。如,在2003年抗击“非典”的过程中,七天建成小汤山医院,就是快速性的一个典型实例。公路交通应急管理体系的快速反应为人力、物资供给提供了重要的基础保障。应急恢复阶段,则要求尽快开展战后或灾后恢复重建工作,保证人民群众生活、工作常态化。

(2)成本经济性

虽然经济性不是公路交通应急的首要目标,但过度支出会造成不必要的浪费与损失。因此,公路交通应急强调在满足应急需求的前提下,尽可能减少公路交通应急过程的直接成本和由于应急活动造成的间接成本。公路交通应急准备通过合理的应急规划、适当的应急方式可以降低应急成本,提高应急效益。公路交通应急实施过程中通过先进的技术手段、科学的决策方法可以大幅度缩短应急响应时间,及时、快速的公路交通运输供应可以提高应战、应急的实际效果,从而实现保障战争胜利和减少突发事件的损失。

(3)结构稳定性

公路交通应急要求准备、实施与恢复全过程应急主体和参与对象的结构相对稳定,这样有利于平战状态的快速转换;同时强调公路交通应急实施过程中公路交通应急管理体系具有较强的抗干扰能力,能保持连续稳定的人力、物资供给。

(4)系统适应性

常态下,社会环境的不断变化影响应急管理体系的结构和状态,公路交通应急管理体系要不断地调整结构和资源配置方式以适应环境的变化。常态下适应能力的提升是非常态下敏捷实施的基础,常态下的适应性更加强调自我调整的主动性。非常态下,公路交通应急管理体系能够迅速响应战争和突发事件的需求,以满足数量大、时间紧的非常态物资运输需求。另外,战争和突发事件发展是不断变化的,公路交通需求在时间、空间、品种、数量上也是随时变化的,公路交通应急管理体系应具备足够的适应能力,动态适应变化的需求。

5.2 公路交通应急管理体系敏捷性的特征

公路交通应急主体是各级公路交通主管部门,参与对象是施工、养护、运输、物流企业单位及个人,目的在于通过主管机构的应急活动使各类参与对象在非常态下能够快速地为战争和突发事件提供公路交通运输保障。公路交通应急要求公路交通应急管理体系具备敏捷性,对环境和需求能做出快速的反应。它具有如下特征:

(1)强化公路交通应急管理体系对环境和资源的敏捷感知能力

常态下,随着社会、政治、经济和国家安全环境的不断变化，战争和突发事件的类型不断发生变化，公路交通需求的内容和形式也随之变化。同时，随着技术不断进步、经济不断发展，资源结构、应急对象的状态也不断发生变化。公路交通应急管理体系能够不断地提高自身预测并感知这些变化的能力，并提高对变化因素的分析和处理能力。非常态下，具备预测并感知战争和突发事件发展和公路交通需求的变化能力，同时，战争期间由于敌方的破坏和不可预知事件的发生，能够及时掌握相关参与对象状态的变化信息，以便随时调整公路交通应急活动的规模和方式。

（2）强调公路交通应急管理体系对满足需求的快速反应

公路交通应急活动涉及众多的参与组织，各个参与组织协调一致才能实现体系的敏捷性。从纵向上看，公路交通应急涉及从中央到地方的各级应急主体；从横向上看，公路交通应急涉及各级政府的不同部门，各级部门的决策延迟都会影响对应急需求的反应。因此，公路交通应急需要在应急组织内部进行纵向和横向集成，同时，提高各级应急主体的决策水平和效率，减少应急决策的延迟。

（3）基于信息集成技术进行公路交通应急管理

公路交通应急集成化需要通过信息化来实现。在内部，应急信息系统使其内部应急机构的子系统相互联结，形成内部网状结构；在外部，参与对象的信息系统能够在非常态下与应急组织的信息系统进行动态联结，形成外部网状结构，从而形成了一种围绕公路交通应急、基于网络化的信息系统集群。同时，信息技术贯穿公路交通应急管理的信息收集、信息处理、决策制定、应急实施等各个环节，从而保证各环节数据的无缝连接并能动态做出调整。

(4)公路交通应急动态调整

公路交通应急的动态性表现在公路交通应急管理体系常态与非常态的快速转换。常态下,各类应急组织执行正常社会管理职能,参与对象开展正常的经济活动;非常态下,公路交通应急管理体系根据不同的应急需求迅速聚集各类参与组织和对象满足需求;应急任务结束后,各类参与组织和对象迅速恢复其原来的职能。

5.3 公路交通应急管理体系敏捷性评价的思路和原则

5.3.1 评价思路

公路交通应急管理体系敏捷性评价的指导思想是系统性观点。即从系统论的角度,通过对公路交通应急管理体系敏捷性进行综合分析,系统地反映公路交通应急管理体系中存在的优势与不足,并将评价结果作为反馈信息,改善核心影响要素,促进管理体系敏捷性的提高。

公路交通应急管理体系敏捷性的评价流程总体上可分为以下三步:①收集与处理基础数据,初步建立公路交通应急管理体系评价指标;②专家以敏捷性标准对公路交通应急管理体系评价指标进行约简修正;③对修正后能体现应急管理体系敏捷性的指标进行权重计算,确定影响应急管理体系的核心因素指标。

5.3.2 评价原则

(1)客观性和科学性

评价指标体系的设计应该符合客观实际,能真实地反映出公路交通应急管理体系的敏捷性。同时,指标体系的设计要确保评价结果准确合理,指标设计在内容、涵义和统计方法等方面应科学明确,没有歧义。必须保证评估方法的科学性、评估结果的客观性。

(2)综合性和代表性

在确定公路交通应急管理体系评价指标的过程中,应考虑影响该体系敏捷性的关键构成因素以及各因素间的关系。要求指标体系内容简明但不遗漏,并具有较强的代表性。公路交通应急管理体系敏捷性影响因素具有一定的特殊性和复杂性,指标的选取并非越多越好,应选取具有代表性的关键指标,以便能全面、真实地反映公路交通应急管理体系敏捷性的客观情况。

(3)全面性和实用性

公路交通应急管理体系构成要素复杂多样,既包含硬指标,如人、财、物等,又包含软指标,如政策、法规等。敏捷性评价指标既要考虑应急管理体系各个构成要素,又要兼顾应急处置的不同阶段。评价公路交通应急管理体系敏捷性的目的在于分析当前公路交通应急管理体系的运行现状,发现问题,并有针对性地实施科学管理,提高危机应对处置能力。因此,评价指标应当指向明确、逻辑清晰、层次分明。评价指标的测定应有良好的可操作性,保证评价指标值准确、快速获取,确保评价工作的正常进行。

(4)相关性和动态性

公路交通应急管理体系正常运行的一个基本要求就是实现各部门间的协调合作。因此,评价指标应能反映出现实应急管理工作中的各种内在联系,同时考虑到评价活动是一个动态过程,要求在确定评价指标时应充分考虑应急管理体系的动态变化特点。

(5)定性与定量相结合

公路交通应急管理体系中的评价指标应尽可能量化,对于一些难以量化、意义重大的指标,也可以用定性指标来描述。

5.4 公路交通应急管理体系敏捷性评价的意义与方式

5.4.1 评价意义

研究公路交通应急管理体系敏捷性评价问题,一方面在理论上丰富了学术界对于应急管理的研究,深化了研究内容,另一方面也具有很强的现实意义。既能够对我国目前公路交通应急管理体系的效果和水平进行综合评价,也将全面改进公路交通应急管理体系的运行体制和机制,为提升体系敏捷性提供理论依据。

5.4.2 评价方式

公路交通应急管理体系敏捷性评价一般有两种方式:一

种是动态检验,另一种是静态评估。

动态检验是指通过演习来检验公路交通应急管理体系的运转情况,检验政府各相关部门、各级运输管理机构、社会运输企业、军队武警和志愿者的协调配合情况,检验公路交通信息平台的运转情况,检验群众的反应情况。这是一种能较真实准确反映公路交通应急管理体系敏捷性的评价方式。但是,组织这样一次全面反映公路交通应急管理体系敏捷性的演习需要耗费大量的人力、物力、财力,实施难度非常大,因此,一般不推荐动态检验。

静态评估是指应用系统工程的方法对公路交通应急管理体系敏捷性进行全面综合的评价,最终反映该体系的真实运行状况,找出关键影响要素,指出薄弱环节和存在问题,提出改进意见。静态评估并不排斥动态检验,静态评估中的大量数据可能要通过单项要素的动态检验来获得。因此,建立在科学方法上的静态评估是公路交通应急管理体系敏捷性评价的重要方式。

5.5 公路交通应急管理体系评价指标设计

5.5.1 公路交通应急评价指标体系

本书建立了多层评价指标体系:首先,根据对公路交通应急管理体系构成要素的分析确定了组织指挥、运行实施、资源保障、决策辅助、信息支撑五个一级指标;其次,根据一级指标和应急过程的不同阶段(应急准备、应急实施、应急恢复）确定二级指标；最后，根据将评价工作具体化的需要，确定各个二级指标下的三级指标。

5.5.1.1　组织指挥

组织指挥下的二级指标包括：应急准备阶段的常设应急管理机构设置状况、平时预案编制状况、平时培训与演练状况、平时沟通协调能力、平时法制建设状况；应急实施阶段的预测预警机制建设状况、应急处置临时指挥中心状况、应急处置信息传递能力；应急恢复阶段的恢复重建能力。

"常设应急管理机构设置状况"主要评价应急机构完善程度、职能明确程度、岗位配置合理性。

"平时预案编制状况"主要评价应急综合预案、专业预案、专项预案的编制情况。

"平时培训与演练状况"主要评价应急组织演练情况、专业培训与考评情况、公众教育培训覆盖面。

"平时沟通协调能力"主要评价公路交通主管部门与属地大型运输企业协作关系状况，掌握资源储备等部门的潜力信息状况，公路交通主管部门与政府其他职能部门的协作关系状况，公路交通主管部门与其他专业处置部门的协作关系状况。

"平时法制建设状况"主要评价公路交通应急相关法律法规的完备性、规范性文件的完备性。

"预测预警机制建设状况"主要评价预测机制完备程度，预警决策与发布机制完备性。

"应急处置临时指挥中心状况"主要评价应急指挥体系完备性，应急指挥有效性，应急方案合理性。

“应急处置信息传递能力”主要评价信息实时跟踪与反馈能力。

“恢复重建能力”主要评价恢复重建计划的完备性，危机评价与改进机制状况。

组织指挥应急评价指标见表5.1。

组织指挥应急评价指标 表5.1

一级指标层	过程层	二级指标层	三级指标及属性
组织指挥应急评价B1	应急准备阶段	常设应急管理机构设置状况C1	机构完善程度D1
			职能明确程度D2
			岗位配置合理性D3
		平时预案编制状况C2	综合预案编制情况D4
			专业预案编制情况D5
			专项预案编制情况D6
		平时培训与演练状况C3	组织演练情况D7
			专业培训与考评情况D8
			公众教育培训覆盖面D9
		平时沟通协调能力C4	公路交通主管部门与属地大型运输企业协作关系状况D10
			掌握资源储备等部门的潜力信息状况D11
			公路交通主管部门与政府其他职能部门的协作关系状况D12
			公路交通主管部门与其他专业处置部门的协作关系状况D13
		平时法制建设状况C5	公路交通应急相关法律法规完备性D14
			规范性文件的完备性D15

续上表

一级指标层	过程层	二级指标层	三级指标及属性
组织指挥应急评价B1	应急实施阶段	预测预警机制建设状况 C6	预测制度完备程度 D16
			预警决策与发布机制完备性 D17
		应急处置临时指挥中心状况 C7	应急指挥体系的完备性 D18
			应急指挥时效性 D19
			应急方案合理性 D20
		应急处置信息传递能力 C8	信息实时跟踪与反馈能力 D21
	应急恢复阶段	恢复重建能力 C9	恢复重建计划的完备性 D22
			危机评价与改进机制状况 D23

5.5.1.2 运行实施

运行实施下的二级指标包括：应急准备阶段的专业处置平时准备情况；应急实施阶段的应急处置预备机制、专业处置部门应急反应能力、应急救援能力；应急恢复阶段的应急评估与能力改善。

“专业处置平时准备情况”主要评价危机处置科研成果应用情况，专业处置机构的建设状况。

“应急处置预备机制”主要评价应急参与队伍召集机制状况，应急处置专业设备补充能力，应急培训与演练状况。

“专业处置部门应急反应能力”主要评价现场抢运效率及效果，现场评估与信息反馈机制，通信保障的效率及效果，架桥修路抢修速度。

“应急救援能力”主要评价快速组建救援队伍的能力，救援队伍的规模,救援队伍装备水平,救援队伍的快速反应能力,灾民运送安置能力,对公路交通保通保畅的能力。

"应急评估与能力改善"主要专业处置部门的应急评估制度,专业处置部门应急完善机制。

运行实施应急评价指标见表5.2。

运行实施应急评价指标 表5.2

一级指标层	过程层	二级指标层	三级指标及属性
运行实施系统应急评价B2	应急准备阶段	专业处置平时准备情况C10	危机处置科研成果应用情况D24
			专业处置机构的建设状况D25
	应急实施阶段	应急处置预备机制C11	应急参与队伍召集机制状况D26
			应急处置专业设备补充能力D27
			应急培训与演练状况D28
		专业处置部门应急能力C12	现场抢运效率及效果D29
			现场评估与信息反馈机制D30
			通信保障的效率及效果D31
			架桥修路抢修速度D32
		应急救援能力C13	快速组建救援抢运队伍的能力D33
			救援抢运队伍的规模D34
			救援抢运队伍装备水平D35
			救援抢运队伍的快速反应能力D36
			灾民运送安置能力D37
			对公路交通保通保畅的能力D38
	应急恢复阶段	应急评估与能力改善C14	专业处置部门的应急评估制度D39
			专业处置部门应急完善机制D40

5.5.1.3 资源保障

资源保障下二级指标包括:应急准备阶段的基础设施应对能力、平时物资储备状况、应急资金预备状况、预备人力资源;应急实施阶段的基础设施恢复能力、物资应急能力、资金紧急筹措能力、应急处置人力资源保障能力;应急恢复阶段的基础设施恢复与重建能力、物资保障评估与改进能力、重建资金保障能力。

“基础设施应对能力”主要评价桥梁结构物的抗毁能力,公路工程设施的抗毁能力,运输设备、通信设施情况及抗毁能力,公路交通路网密度、技术等级与可替代性。

“平时物资储备状况”主要评价通用公路交通物资的储备量,专用公路交通物资的储备量,非公路交通物资的储备量。

“应急资金预备状况”主要评价本级财政专项预算,应急财力机制建设情况。

“预备人力资源”主要评价可应急人员数量,社会人力资源的规模,应急专业队伍的规模(包括处置队伍、专家队伍、管理队伍)。

“基础设施恢复能力”主要评价公路、供水、供电、供气、通信、桥梁结构物的恢复及防范次生灾害能力。

“物资应急能力”主要评价通用公路交通物资的应急能力,专用公路交通物资的应急能力,缺失公路交通物资的应急能力。

“资金紧急筹措能力”主要评价政府财政的保障能力,社会财力捐助情况。

"应急处置人力资源保障能力"主要评价交通应急人员的保障能力，社会人力资源的保障能力，专业队伍的保障能力。

"基础设施恢复与重建能力"主要评价公路交通基础设施的应对能力及事后评估制度完善程度，公路交通基础设施的恢复与重建计划，公路交通基础设施恢复的执行能力。

"物资保障评估与改进能力"主要评价物资保障能力的应急评估，物资应急机制及保障能力的改进状况。

"重建资金保障能力"主要评价扶持措施的完备性，补偿措施的完备性。其中扶持措施主要指转移支付、低息贷款、信用担保、税收优惠等；补偿措施主要指征用物资的补偿、赔偿、奖励、人员抚恤等。

资源保障应急评价指标见表5.3。

资源保障应急评价指标　　表5.3

一级指标层	过程层	二级指标层	三级指标及属性
资源保障应急评价B3	应急准备阶段	基础设施应对能力C15	桥梁结构物的抗毁能力D41
			公路工程设施的抗毁能力D42
			运输设备情况及抗毁能力D43
			通信设施情况及抗毁能力D44
			公路交通路网密度D45
			公路交通路网技术等级D46
			公路交通路网可替代性D47
		平时物资储备状况C16	通用公路交通物资的储备量D48
			专用公路交通物资的储备量D49
			非公路交通物资的储备量D50

续上表

一级指标层	过程层	二级指标层	三级指标及属性
资源保障应急评价B3	应急准备阶段	应急资金预备状况 C17	本级财政专项预算 D51
			应急财力机制建设情况 D52
		预备人力资源 C18	可应急人员数量 D53
			社会人力资源的规模 D54
			应急专业队伍的规模(包括处置队伍、专家队伍、管理队伍)D55
	应急实施阶段	基础设施恢复能力 C19	公路恢复及防范次生灾害能力 D56
			供水恢复及防范次生灾害能力 D57
			供电恢复及防范次生灾害能力 D58
			供气恢复及防范次生灾害能力 D59
			通信恢复及防范次生灾害能力 D60
			桥梁结构物恢复及防范次生灾害能力 D61
		物资应急能力 C20	通用公路交通物资的应急能力 D62
			专用公路交通物资的应急能力 D63
			缺失公路交通物资的应急能力 D64

续上表

一级指标层	过程层	二级指标层	三级指标及属性
资源保障应急评价 B3	应急实施阶段	资金紧急筹措能力 C21	政府财政的保障能力 D65
			社会捐助财力情况 D66
		应急处置人力资源保障能力 C22	交通应急人员的保障能力 D67
			社会人力资源的保障能力 D68
			专业队伍的保障能力 D69
	应急恢复阶段	基础设施恢复与重建能力 C23	公路交通基础设施的应对能力及事后评估制度完善程度 D70
			公路交通基础设施的恢复与重建计划 D71
			公路交通基础设施恢复的执行能力 D72
		物资保障评估与改进能力 C24	物资保障能力的应急评估 D73
			物资应急机制及保障能力的改进状况 D74
		重建资金保障能力 C25	扶持措施(转移支付、低息贷款、信用担保、税收优惠)完备性 D75
			补偿措施(征用物资的补偿、赔偿、奖励,人员抚恤等)完备性 D76

5.5.1.4 决策辅助

决策辅助下的二级指标包括:应急准备阶段的危机分析与控制能力;应急实施阶段的预警分析能力、应急处置决策专家支持能力、应急处置决策技术水平、应急处置决策效率与效果。

"危机分析与控制能力"主要评价危机预测分析机制,危机风险分析机制。

“预警分析能力”主要评价预警分析技术水平。

“应急处置决策专家支持能力”主要评价决策专家的素质和科研水平。

“应急处置决策技术水平”主要评价预案的选择与方案生成能力，资源配置与路径规划技术，危机趋势预测与评估能力。

“应急处置决策效率与效果”主要评价决策辅助方案的有效性。

决策辅助应急评价指标见表5.4。

决策辅助应急评价指标 表5.4

一级指标层	过程层	二级指标层	三级指标及属性
决策辅助应急评价B4	应急准备阶段	危机分析与控制能力C26	危机预测分析机制D77
			危机风险分析机制D78
	应急实施阶段	预警分析能力C27	预警分析技术水平D79
		应急处置决策专家支持能力C28	决策专家的素质和科研水平D80
		应急处置决策技术水平C29	预案的选择与方案生成能力D81
			资源配置与路径规划技术D82
			危机趋势预测与评估能力D83
		应急处置决策效率与效果C30	决策辅助方案的有效性D84

5.5.1.5 信息支撑

信息支撑下的二级指标包括：应急准备阶段的平时信息平台建设状况、平时数据库建设状况；应急实施阶段的预警信息监测能力、信息预警能力、应急处置信息采集能力、应急处置信息传输能力、应急处置信息处理能力；应急恢复阶段的危机应对信息系统完善与升级能力。

“平时信息平台建设状况”主要评价基础信息平台建设情况，应急专用信息平台建设情况。

“平时数据库建设状况”主要评价危机案例、应急预案、应急资源、地理信息数据库的完备性。

“预警信息监测能力”主要评价信息监测体系的完善程度。

“信息预警能力”主要评价信息预警体系的完善程度。

“应急处置信息采集能力”主要评价信息获取的范围和渠道。

“应急处置信息传输能力”主要评价通信系统抗毁能力，应急通信保障能力。

“应急处置信息处理能力”主要评价决策支持系统的完备性。

“危机应对信息系统完善与升级能力”主要评价信息系统效率评估制度，信息系统升级完善机制。

信息支撑应急评价指标见表5.5。

5.5.2 使用信息熵法简化主要评价指标

前节阐述的是根据公路交通应急管理体系构成要素和应急实施阶段要求设计的评价指标，为了筛选出体现敏捷性要求、重要性较高、真实可靠、数据获取可行、稳定性高的指标，需要根据专家意见对已经提出的指标进行评价和区分。

信息支撑应急评价指标　　表 5.5

一级指标层	过程层	二级指标层	三级指标及属性
信息支撑应急评价 B5	应急准备阶段	平时信息平台建设状况 C31	应急基础信息平台建设情况 D85
			应急专用信息平台建设情况 D86
		平时数据库建设状况 C32	危机案例、应急预案、应急资源、地理信息数据库完备性 D87
	应急实施阶段	预警信息监测能力 C33	信息监测体系的完善程度 D88
		信息预警能力 C34	信息预警体系的完善程度 D89
		应急处置信息采集能力 C35	信息获取的范围和渠道 D90
		应急处置信息传输能力 C36	通信系统抗毁能力 D91
			应急通信保障能力 D92
		应急处置信息处理能力 C37	决策支持系统的完备性 D93
	应急恢复阶段	危机应对信息系统完善与升级能力 C38	信息系统效率评估制度 D94
			信息系统升级完善机制 D95

5.5.2.1　信息熵法

熵(Entropy)是克劳修斯于 1865 年正式提出的概念,用以表示热力学系统转化为有用功的能力。现代信息论认为,任何物质系统内部总是具有一定的“信息自由度”,这种自由度导致系统内各元素处于不同的状态,而状态的多样性、丰富程度(混乱程度、复杂程度)的定量计量标尺就是熵。

1948 年,申农(Shannon)将熵作为一个随机事件的不确定性或信息量的量度引入信息论。考虑一个随机事件实验

A，设它有 n 个独立的结果，每一结果出现的概率为 $p_1, p_2, \cdots, p_n$。申农引入信息熵函数 H 作为概率实验 A 结果不确定性的量度，$H \geqslant 0$。

属性值变异程度越大，信息熵越小，提供的信息量越大，该属性在方案排序中所起的作用越大，从而该属性的权重也应该越大；反之，属性值变异程度越小，信息熵越大，提供的信息量越小，该属性在方案排序中所起的作用越小，从而该属性的权重也应该越小。因此，可认为信息量等于被消除的不确定性量，或者信息量等于熵的减少量。

使用信息熵对指标合理有效地进行权重排序的步骤如下：

步骤1：针对评价指标和对指标的评价属性，构造决策矩阵 $\boldsymbol{A} = (a_{ij})_{n \times m}$，并将其规范化为 $\boldsymbol{R} = (r_{ij})_{n \times m}$。属性类型中，效益型和成本型属性使用较多，效益型属性是指属性值越大越好的属性，成本型属性是指属性值越小越好的属性，记效益型、成本型属性的下标集为 I_1 和 I_2，令 $M = \{1, 2, \cdots, m\}$，$N = \{1, 2, \cdots, n\}$。决策时应对决策矩阵进行规范化处理，以消除不同物理量纲对决策结果的影响，规范化方法很多，包括：

$$r_{ij} = \frac{a_{ij}}{\max\limits_i (a_{ij})}, i \in N, j \in I_1; r_{ij} = \frac{\min\limits_i (a_{ij})}{a_{ij}}, i \in N, j \in I_2 \tag{5.1}$$

或：$$r_{ij} = \frac{a_{ij} - \min\limits_i (a_{ij})}{\max\limits_i (a_{ij}) - \min\limits_i (a_{ij})}, i \in N, j \in I_1$$

$$r_{ij} = \frac{\max\limits_i (a_{ij}) - a_{ij}}{\max\limits_i (a_{ij}) - \min\limits_i (a_{ij})}, i \in N, j \in I_2$$

或：$r_{ij}=\dfrac{a_{ij}}{\max\limits_i(a_{ij})+\min\limits_i(a_{ij})},i\in N,j\in I_1$

$$r_{ij}=1-\frac{a_{ij}}{\max\limits_i(a_{ij})+\min\limits_i(a_{ij})},i\in N,j\in I_2$$

或：$r_{ij}=a_{ij}/\parallel a_j\parallel,i\in N,j\in I_1$

$$r_{ij}=(1/a_{ij})/(1/\parallel a_j\parallel),i\in N,j\in I_2$$

其中 $\parallel a_j\parallel=\sqrt{\sum\limits_{i=1}^{n}a_{ij}^2},\parallel 1/a_j\parallel=\sqrt{\sum\limits_{i=1}^{n}(1/a_{ij})^2}$

或：$r_{ij}=\dfrac{a_{ij}}{\sum\limits_{i=1}^{n}a_{ij}},i\in N,j\in I_1$

$$r_{ij}=\frac{\dfrac{1}{a_{ij}}}{\sum\limits_{i=1}^{n}\left(\dfrac{1}{a_{ij}}\right)},i\in N,j\in I_2 \tag{5.2}$$

步骤2：计算上述矩阵 $\boldsymbol{R}=(r_{ij})_{n\times m}$ 的归一化矩阵 $\dot{\boldsymbol{R}}=(\dot{r}_{ij})_{n\times m}$：

$$\dot{r}_{ij}=r_{ij}/\sum_{i=1}^{n}r_{ij},i\in N,j\in M \tag{5.3}$$

步骤3：计算属性 u_j 的输出的信息熵 E_j：

$$E_j=-\frac{1}{\ln n}\sum_{i=1}^{n}\dot{r}_{ij}\ln\dot{r}_{ij},j\in M,\quad \dot{r}_{ij}=0\text{ 时},\dot{r}_{ij}\ln\dot{r}_{ij}=0 \tag{5.4}$$

步骤4：计算属性权重向量 $\omega=(\omega_1,\omega_1,\cdots,\omega_m)$：

$$\omega_j=(1-E_j)/\sum_{k=1}^{m}(1-E_k) \tag{5.5}$$

步骤5：计算方案的综合属性值 $z_i(\omega)$：

$$z_i(\omega)=\sum_{j=1}^{m}r_{ij}\omega_i \tag{5.6}$$

步骤6：利用 $z_i(\omega)(i\in N)$ 对方案进行排序和择优。

5.5.2.2 使用信息熵法进行评价指标简化

下面首先将一级评价指标根据上述步骤进行选择。

（1）由于是针对指标的敏捷性进行评价，本书选择各级指标的评价属性都一致，即体现敏捷性要求的核心属性，包括快速性、经济性、稳定性、适应性。并选取15名相关领域专家对上述指标进行10分制打分，获得平均值构成决策矩阵 $\boldsymbol{A}=(a_{ij})_{n\times m}$，如表5.6所示。

一级指标评分表　　　　表5.6

指标特性	快速性	经济性	稳定性	适应性
组织指挥 B1	9.5667	9.0333	8.9000	7.6667
运行实施 B2	7.1000	9.4000	9.4667	6.9000
资源保障 B3	6.8667	7.4667	6.9667	8.1667
决策辅助 B4	7.1000	4.8000	5.4667	6.2000
信息支撑 B5	7.3333	5.8000	5.4667	7.2000

（2）表5.6中的快速性、经济性、稳定性、适应性都是效益型属性，选用时可使用第一种方法，使用式（5.1）进行规范化处理后得到规范化矩阵 $\boldsymbol{R}=(r_{ij})_{n\times m}$，并进一步使用式（5.3）进行归一化处理后得到矩阵 $\dot{\boldsymbol{R}}=(\dot{r}_{ij})_{n\times m}$，如表5.7所示。

指标选择归一化决策矩阵　　　　表5.7

指标特性	快速性	经济性	稳定性	适应性
组织指挥 B1	0.1728	0.1820	0.1708	0.1528
运行实施 B2	0.1282	0.1894	0.1817	0.1375
资源保障 B3	0.1240	0.1504	0.1337	0.1628
决策辅助 B4	0.1282	0.0967	0.1049	0.1236
信息支撑 B5	0.1324	0.1169	0.1049	0.1435

(3)由式(5.4)计算属性 u_j 输出的信息熵为：

$E_1=0.9960, E_2=0.9877, E_3=0.9896, E_4=0.9983$

(4)由式(5.5)计算属性的权重向量为：

$$\omega=(0.1408,0.4331,0.3662,0.0599)$$

(5)利用式(5.6)计算方案 x_i 综合属性值 $z_i(\omega)(i=1,2,3,4,5)$ 为：

$z_1(\omega)=0.9575, z_2(\omega)=0.9544, z_3(\omega)=0.7745, z_4(\omega)=0.5826, z_5(\omega)=0.6394$

(6)用 $z_i(\omega)$ 对方案进行排序为 $x_1>x_2>x_3>x_5>x_4$。

二级指标也可按以上方法同样计算，不同的是，在二级指标的综合属性值计算结果的基础上，可结合实际情况取某一截断值，对计算结果低于截断值的指标进行归并或淘汰，以约简二级应急评价指标。

考虑到本书篇幅因素，二级指标的综合属性中间计算过程省略。在二级指标的综合属性计算结果的基础上，令截断值为0.7，删去低于截断值的指标后，获得考虑敏捷性要求的评价指标如表5.8所示。

考虑敏捷性要求约简后的二级评价指标 表5.8

一级指标层	二级指标层
组织指挥 B1	常设应急管理机构设置状况 C1
	平时预案编制状况 C2
	平时培训与演练状况 C3
	平时法制建设状况 C4
运行实施 B2	专业处置平时准备情况 C5
	专业处置部门应急能力 C6

续上表

一级指标层	二级指标层
运行实施 B2	应急救援能力 C7
	应急评估与改善能力 C8
资源保障 B3	基础设施应对能力 C9
	平时物资储备状况 C10
	应急资金预备状况 C11
	预备人力资源 C12
	物资应急能力 C13
	灾后重建资金保障能力 C14
决策辅助 B4	预警分析能力 C15
	应急处置决策技术水平 C16
信息支撑 B5	平时信息平台建设状况 C17
	平时数据库建设状况 C18
	预警信息监测能力 C19
	应急处置信息处理能力 C20

由上表可以看出,公路交通应急评价指标体系由 5 个一级指标和 20 个二级指标构成。

(1)组织指挥 B1,二级指标 4 个:常设应急管理机构设置状况 C1,平时预案编制状况 C2,平时培训与演练状况 C3,平时法制建设状况 C4。

(2)运行实施 B2,二级指标 4 个:专业处置平时准备情况 C5,专业处置部门应急能力 C6,应急救援能力 C7,应急评估与改善能力 C8。

(3)资源保障 B3,二级指标 6 个:基础设施应对能力 C9,平时物资储备状况 C10,应急资金预备状况 C11,预备人力资源 C12,物资应急能力 C13,灾后重建资金保障能力 C14。

(4)决策辅助 B4,二级指标 2 个:预警分析能力 C15,应急处置决策技术水平 C16。

(5)信息支撑 B5,二级指标 4 个:平时信息平台建设状况 C17,平时数据库建设状况 C18,预警信息监测能力 C19,应急处置信息处理能力 C20。

5.5.3 聚类分析专家权重求权系数

上述评价指标体系设计中对权重计算进行了初步介绍,下面讨论的权重是在经验数据不足时,通过聚类专家意见给出的权重。权重是指标本身物理属性的客观反映,其大小反映了综合评判中各参评因素的相对重要程度,其取值好坏将直接影响到评价结果的好坏。

权系数的确定根据其原始数据来源的不同可分为主观赋权法与客观赋权法两大类。前者常用的有 Delphi 法、层次分析法、相邻指标比较法等;后者有均方差法、主成分分析法、离差最大化法等。其中,客观赋权法通过大量数据分析确定权值,故其在大多数情况下精度较高,但有时结果也会与实际情况相悖;如果在实际应用中较难得到足够的实际数据进行分析,则主观赋权法的运用较多。主观赋权法利用专家的知识或经验,由专家根据实际问题确定各指标权系数之间的排序,可以保证指标系数与指标实际重要度的一致,但其评价过程中的主观性、模糊性,以及对评价结果有效性的影响需要使用不同的方法进行处理。

下文首先使用主观赋权法获取专家对各个评价指标的权重意见,再依据聚类思想对专家评价结果的相似性进行分析,并分类给出专家的权重,最后加权专家对指标的评价结果,获得各个指标的权重结果。

5.5.3.1 聚类分析方法

聚类分析就是将事物根据一定的特征,按照某种特定的要求或规律进行分类的方法。借用层次聚类的思想,先视每个样本自成一类,然后将最相似(距离最小或相似系数最大)的样本(或变量)聚为小类,再将已聚合的小类按其相似性再聚合,随着相似性的减弱,最后所有子类都聚合成一个大类,从而形成树状的聚类图。分类单位越小,其所包含的样本就越少,其共同特征就越多。

使用聚类方法将专家对指标权重的意见进行分类时,虽然选取的专家都是公路交通应急方面的专家,但其所处的地区不同、研究重点和经验不同,他们在为各项指标权重赋值的过程中,给出的判断矩阵风格也不相同。因此,不能简单根据专家给出的指标权重求平均值,需要考虑专家的个体权重。而专家的个体权重向量很难根据专家个人的声望、权威性等因数来确定。因此应进行聚类,通过专家评价结果的相似程度给出专家权重,将相似度较高的综合评价结果归为一类,表明该类的评价信息符合较多评价者的意见,此时将对应的专家赋以较大的权重系数,反之亦然。

聚类法主要是根据类间的距离进行聚类的,类与类之间距离的定义有多种方式,本书选用欧式距离法对专家间的权重分值进行分析计算,将距离最近的两个专家个体权重向量归并为一类,并将这一类的两个专家给出的指标权重取平均值后作为一个新的个体,以代替原来的两个专家继续参与聚类。

5.5.3.2 使用聚类方法求权系数

设专家对象 m 个,指标 n 个,专家集表示为 $E=\{e_1,e_2,\cdots,e_m\}$,专家权重向量为 $\boldsymbol{\lambda}=\{\boldsymbol{\lambda}_1,\boldsymbol{\lambda}_2,\cdots,\boldsymbol{\lambda}_m\}$,指标集为 $U=\{u_1,u_2,\cdots u_n\}$,指标的权重为 $\omega=\{\omega_1,\omega_2,\cdots,\omega_n\}$。专家 e_i 给出的指标权重向量记作 $u_i=\{u_{i1},u_{i2},\cdots,u_{in}\}$,也称为专家个体权重向量,采用欧氏距离法表示两位专家给出的权重向量 u_i 和 u_j 的差异,记两位专家样本给出的评价差异为 $d_{ij}=\sum_{k=1}^{n}(u_{ik}-u_{jk})$,对公路交通应急管理体系敏捷性评价的一级指标,$m$ 位专家给出的权重矩阵形式如表 5.9 所示:

专家给出的一级指标权重表 表 5.9

专家	指标				
	组织指挥 u_1	处置实施 u_2	资源保障 u_3	决策辅助 u_4	信息支撑 u_5
e_1	u_{11}	u_{12}	u_{13}	u_{14}	u_{15}
e_2	u_{21}	u_{22}	u_{23}	u_{24}	u_{25}
e_3	u_{31}	u_{32}	u_{33}	u_{34}	u_{35}
⋮	⋮	⋮	⋮	⋮	⋮
e_m	u_{m1}	u_{m2}	u_{m3}	u_{m4}	u_{m5}

这里需要注意的是应选取适宜的聚类程度,聚类次数较少时类数较多,不能体现聚类的层次效果;而聚类类数太少则没有意义。假设将 m 位专家意见聚类为 t 类,根据聚类结果,得到每类专家的个体权重,再将个体权重与专家权重加权平均,求得指标相对权重 ω_j。

具体聚类步骤如下:

步骤1：确定聚成的类别数 t。

步骤2：计算专家评价值间的差异，将差异最小的两位专家样本归并。

步骤3：把归并成的类看作一个新样本，代替两个原样本，其评价值取原样本各项指标的平均值，记为 $V_i, i=1,2,\cdots,t$。

步骤4：反复步骤2和步骤3共 $(m-t)$ 次，最终聚为 t 类。

将 m 位专家聚成 t 个类别($t\leqslant m$)，记第 p 类($p\leqslant t$)包含个体排序向量为 γ_p 个(γ_p 称第 p 类的类容量)，进一步假设第 i 位专家属于第 p 类，其中的类容量 γ_p 与专家总数 m 的比值 a_i 称为专家个体权重向量 u_i 的置信因子，表示为 $a_i=\gamma_p/m$。

同一类专家给出的权重向量有相同的置信因子，意味着同一类专家表达的信息是相似的。因此容量较大的类对应专家赋有较大的权重系数，说明该类评价信息符合较多评价者的意见，反之亦然。第 i 位专家的权重系数 $\boldsymbol{\lambda}_i$ 与个体权重向量 u_i 的置信因子 a_i 成正比，令 b 为比例系数，则 $\boldsymbol{\lambda}_i=b\cdot a_i$，进一步推导有：

$$\sum_{i=1}^{m}\boldsymbol{\lambda}_i=1,\boldsymbol{\lambda}_1:\boldsymbol{\lambda}_2:\cdots:\boldsymbol{\lambda}_m=a_1:a_2:\cdots:a_m,$$

由此可得：

$$\boldsymbol{\lambda}_i=a_i/\sum_{j=1}^{m}a_j \tag{5.7}$$

因为同类个体权重向量有着相同的置信因子，所以：

$$\sum_{j=1}^{m}a_j=\sum_{p=1}^{t}\gamma_p a_p=\sum_{p=1}^{t}\gamma_p^2/m \tag{5.8}$$

由式(5.7)和式(5.8)得：

$$\lambda_i = \gamma_p / \sum_{p=1}^{t} \gamma_p^2, p = 1, 2, \cdots, t \tag{5.9}$$

式中：γ_p——专家个体权重向量 u_i 所在类 p 的类容量；

λ_i——第 i 位专家（属于第 p 类）的权重，则：

$$w_j = \sum_{i=1}^{m} \lambda_i u_{ij}, j = 1, 2, \cdots, n \tag{5.10}$$

由此，经过上述聚类分析处理，获得考虑专家个体权重的每项一级指标的权重，二级指标的计算与上述过程相同，最后获得每项一级指标和二级指标的最终权重。

5.6 公路交通应急管理体系敏捷性评价实例

青海玉树地震的公路交通应急实践充分说明了与汶川地震相比，我国公路交通应急管理体系敏捷性有了很大提高。然而，迄今为止，我国尚未建立危机应对的完整高效的公路交通应急管理体系，因此，无法完全按照本书构建的各项敏捷性指标进行公路交通应急管理体系评价。但是，我们可以通过以上评价分析方法与模型，确定在此次地震危机中对公路交通应急管理体系敏捷性影响较大的主要构成要素。

5.6.1 青海玉树地震灾害总体情况

5.6.1.1 青海玉树地震受灾情况

2010 年 4 月 14 日 7 时 49 分，在青海省玉树藏族自治州玉树县发生 7.1 级地震，震源深度 14 公里；9 时 25 分在该县又发生 6.3 级余震，震源深度 30 公里。此次震中位于玉树县境内海拔 4 300 余米的山区，距玉树县城约 30 公里。距震中 25 公里以内为无人区，25 ~ 50 公里内有 6.4 万人，50 ~ 75 公里内有2.4万人，距震中100公里范围内有青海、四川两省20个乡镇。

与汶川地震相比，玉树地震有许多特殊的情况，包括：地处高原、位置偏僻、地广人稀，救援难度大；天气寒冷、昼夜温差大、灾后天气恶劣，通信、电力、供水中断使灾民生活更加困难；地震对交通运输基础设施破坏严重，只有公路通往灾区中心，没有铁路，机场承载能力有限，交通十分不便；当地经济条件落后，基本的生活物资匮乏，急需帐篷、药品、饮用水、御寒用的被褥等生活物品，大型救援设备和器械缺乏。

5.6.1.2　青海玉树地震应急救援情况

玉树地震的应急救援具有非常大的难度，是对我国政府和军队的极大考验。因为它是人类迄今为止在海拔4 000米以上的高原地区展开的最大规模的地震救援；是远离城市依托、救援部队和装备物资，仅靠一条脆弱的公路运输线进行的地震救援；是在高寒缺氧、语言交流不便的少数民族地区进行的地震救援；还有多兵种协同、军地协同、后勤保障等问题。

国务院、地震局、民政部、青海省政府等纷纷在第一时间成立抗震救灾指挥部或小组，启动应急救援机制，派人员前往灾区进行救援。国家地震局根据地震损失情况，于2010年4月14日当天将灾害级别从初步估计的二级调整到一级。

5.6.2　青海玉树地震公路交通应急情况

5.6.2.1　物资保障对公路交通应急的需求分析

玉树地震灾害发生后，发改委、民政部、青海省政府等立即组织各级储备物资，向灾区调运，社会各界也纷纷捐款捐物。根据人民网、新华网在2010年4月14日至2010年4月21日发布的信息，经整理后得到满足灾民和救援军队在衣、食、住三方面物资需求保障情况如下：

(1)帐篷、棉衣、棉被这三类用于灾民衣和住的物资，灾后第一时间(48小时)内主要由民政部调拨中央储备库物资，随后各级政府部门、其他兄弟省份进行支援，并在第三日达到较高值。

(2)灾害发生后，野战食品第一时间(灾后72小时)内一次大批量运抵灾区；而一般食物，如方便食品、矿泉水在5日内大量并持续到达，随后是大米、面粉、食用油的持续供应。

(3)帐篷需求在灾后24小时达到第一个峰值，并在灾后第五日、第六日达到更大的峰值；棉衣和棉被则在灾后第三天达到第一个峰值，在第五日达到更大的峰值。

(4)灾后前四日内，应急物资到达灾区的数量增幅较小，从第五日起增幅显著，在一周后实际到运物资逐步接近政府调拨计划量。由此造成了灾后五天内灾民和救援队伍帐篷、矿泉水和粮食最为缺乏的问题。

这些需快速提供保障急缺物资，对公路交通应急保障提出了很高的要求。

5.6.2.2　公路交通应急保障情况

(1)组织指挥。交通运输部在第一时间成立了公路交通救灾指挥部，负责指挥与统筹抢险救灾工作。解放军、青海省交通厅等单位纷纷紧急抽调运力，保障应急物资运送的顺利实现。例如，解放军总后勤部迅速从西安向玉树灾区紧急调集了 4 个应急运输分队、2 个应急装卸分队；青海省交通厅在灾害当日即储备了应急客车 150 辆、总客位 4 500 个，货车 45 辆、总吨位 1 710 吨，紧急协调驻军部队落实了应急运输车辆 260 辆，当日 13 时 30 分，紧急调集了 16 辆客车和 4 辆货车用于省军区和省粮食局运送救灾人员和粮食。

（2）运行实施。公路交通运输是玉树地震灾后最主要的交通运输方式。但青海玉树地震导致 G214、S308、S309 等多条道路受损，玉树县结古镇全部道路只有 31.1 公里，正常交通流量每天 3 000 辆左右。为保证救灾物资快速通行，青海省高等级公路建设管理局、收费公路管理处开辟了救灾运输专用车道，救灾车辆一律免费通行。公路养护、路政人员加强了隐患巡查，先后发现玉树通天河大桥出现裂痕，玉树巴塘机场公路在结古镇以南 2 公里处发生山体滑坡，并在第一时间组织了抢修抢通工作。G214 国道成为救灾物资的保障线和抢救伤员的生命线。为减轻灾区道路的交通压力，抗震救灾指挥部严格控制非直接抗灾救援人员和车辆进入灾区。

（3）资源保障。灾害发生后，国家给予了快速而充分的资金保障。例如，中央从车购税中紧急拨款 1 000 万资金用于 G214、S308、S309 等多条受损道路的应急抢通；国家开发银行向玉树地震灾区提供 10 亿元应急贷款；截至 4 月 18 日，青海省财政厅收到逾 2.4 亿元的社会各界捐款；截至 4 月 20 日，中央财政先后两次拨款，拨款金额分别为 2 亿元和 3 亿元。

（4）决策辅助。灾害发生后，交通运输部门在第一时间启动了一级应急预案，同时启动专家咨询功能与信息 24 小时及时报送功能,应急救援办公室24小时值班,相关人员手机24小时开通,保证随叫随到。制订公路交通保障救援计划,严格按照《突发事件应对法》、《道路交通安全法》、《民用运力国防动员条例》等法规的要求开展工作。做到随时上报现场信息、下传处置要求,并根据信息及时做出预警和处置判断。

(5)信息支撑。灾害发生后,交通运输部门迅速开通信息共享平台,在交通系统内网上组织调度相关运输保障资源,同时在外网上发布灾害地区交通路段信息,包括毁损道路等技术信息,也包括灾区道路管制等管理信息。并及时发布、更新公路气象交通信息,给参与救援单位、人员及广大公众提供及时的信息。

5.6.3 青海玉树地震公路交通应急管理体系敏捷性评价分析

根据玉树地震灾害公路交通应急的实践,结合前文提出的公路交通应急管理体系敏捷性评价指标进行了检验,我们邀请了公路交通应急运输、应急管理和交通战备等领域的10位专家,对青海玉树地震灾害公路交通应急实际情况进行评价。通过计算,得到青海玉树地震公路交通应急评价指标的最终权重值,如表5.10所示。

青海玉树地震公路交通应急评价指标的最终权重值

表5.10

一级指标层(权重)	二级指标层(权重)
组织指挥 B1(0.22)	常设应急管理机构设置状况 C1(0.09)
	平时预案编制状况 C2(0.05)

续上表

一级指标层(权重)	二级指标层(权重)
组织指挥 B1(0.22)	平时培训与演练状况 C3(0.04)
	平时法制建设状况 C4(0.04)
运行实施 B2(0.28)	专业处置平时准备情况 C5(0.07)
	专业处置部门应急能力 C6(0.06)
	应急救援能力 C7(0.11)
	应急评估与改善能力 C8(0.04)
资源保障 B3(0.27)	基础设施应对能力 C9(0.06)
	平时物资储备状况 C10(0.04)
	应急资金预备状况 C11(0.05)
	预备人力资源 C12(0.04)
	物资应急能力 C13(0.04)
	灾后重建资金保障能力 C14(0.04)
决策辅助 B4(0.08)	预警分析能力 C15(0.05)
	应急处置决策技术水平 C16(0.03)
信息支撑 B5(0.15)	平时信息平台建设状况 C17(0.05)
	平时数据库建设状况 C18(0.03)
	预警信息监测能力 C19(0.04)
	应急处置信息处理能力 C20(0.03)

5.6.4 指标权重计算结果分析

根据表 5.10 中所列权重计算结果可以看出，应急救援能力、常设应急管理机构设置状况、专业处置平时准备情况、专业处置部门应急反应能力、基础设施应对能力，这 5 个指标所占的权重相对来说比较大，尤其是应急救援能力这个指标所占的比重超过了 10%，另外 4 个也都超过了 6%。同时，以上这5个指标(应急救援能力、常设应急管理机构设置状况、专业处置平时准备情况、专业处置部门应急反应能力、基础设施应对能力)的变异系数都不太高,说明各位打分专家对这些指标的看法比较一致,因此可以认为这5个指标是应急能力评价的核心二级指标。

本章小结

在敏捷理论与方法研究的基础上,本章针对构成公路交通应急管理体系的各个要素,按照应急管理的不同阶段构建敏捷性评价指标体系,并计算指标权重,确定影响公路交通应急管理体系敏捷性的核心要素。第一,明确了公路交通应急管理体系敏捷性的内涵、特征;第二,提出了公路交通应急管理体系敏捷性评价的思路与原则、意义与方式;第三,设计了公路交通应急的评价指标,并通过快速性、经济性、适应性、稳定性的要求,运用信息熵法对专家评价结果进行处理,结合实际对指标进行简化,筛选出体现敏捷性要求的5个一级指标和20个二级指标;第四,结合公路交通应急的经验数据,进行专家权重聚类分析,计算指标权重,给出了评价方法和模型;第五,结合青海玉树地震进行了实证分析,确定了影响公路交通应急管理体系敏捷性的核心要素。

第  章

公路交通应急管理体系敏捷性构建建议

通过第5章公路交通应急管理体系敏捷性评价的结论，本章针对以下5个方面重点内容提出建议，以期对公路交通应急管理体系敏捷性提升提供帮助。

6.1 加强公路交通应急法规与预案建设

6.1.1 建设要求

应在《中华人民共和国突发事件应对法》的基础上，完善具体实施办法，特别是通过立法明确在突发事件应急状态下，公路交通主管部门可以强制征用民用运力参与应急保障工作，但需做好相应的补偿与赔偿工作；修改《中华人民共和国道路运输条例》，提高货物运输准入门槛，鼓励运输企业规模化发展，为公路交通应急运力组织提供规模企业；针对队伍建设、物资征用、培训与演练、资金管理等方面，制定《公路交通应急队伍建设管理办法》、《公路交通应急物资征用管理办法》、《公路交通应急保障培训与演练管理办法》、《公路交通应急资金保障管理办法》等有针对性、可操作性的管理办

法或实施意见，建立健全应对各类公路交通应急法律法规体系，消除公路交通应急过程中存在的法律法规障碍。

各地交通主管部门应结合辖区内危机事件的类型和特点，在《公路交通突发事件应急预案》的基础上，针对不同性质的危机事件分门别类地科学编制应对性较强的公路交通应急综合预案和专项处置预案，加强各类、各级交通应急预案的衔接与互补性，修订或编制相应级别公路交通应急保障预案，形成种类齐全、覆盖面广，具有较强针对性、操作性和实用性的预案体系。预案应涵盖组织机构、通信联络、预测预警、响应处置、信息统计与发布、善后处理、工作评估、监督管理等多个方面，要对各类机构的职责权限、保障队伍建设、物资储备、响应流程和集结时效、处置技术与手段、安全防护措施等加以细化和明确，同时注重与国家、地方及相关部门应急预案的有效衔接。

在公路交通应急预案编制的宏观层面上，应遵循“从下到上、从上到下”的原则，逐级展开：在进行更高级别应急预案编制的过程中，需要对该预案级别的下一级预案进行汇总分析，以确保整个预案体系在逻辑上的一致性，同时避免各级别预案之间表述上的不一致和重复；在更高级别应急预案编制发布后，其下一级预案应根据上一级预案要求进行相应的修订完善工作，以期保持表述要求一致。在微观层面上，要保证应急预案体系在微观层面的完备性：首先，需要对编制预案的区域、单位或行业进行需求分析，以明确预案的功能；其次，需要确定合理清晰的预案文件的框架体系，模块划分合理，内容表述准确；最后，对应急响应和指挥过程中需要做出决策的环节和程序，需要给出详细且明确的依据和标准。

6.1.2 建议

6.1.2.1 法规制定

（1）应与我国市场经济发展现状匹配。在市场经济环境下，企业存在与发展均是以经济效益为衡量标准，生产与经营的主要目的是追求经济效益。在企业物资、人力、设备设施被征用的情况下，一般来说这些被征用的企业得到的相应补偿与自身预期差距较大，不能达到其利益最大化，单纯依靠行政命令难以实施。为确保危机情况下公路交通应急保障任务的完成，应当在相应的法规条款中更多地明确对于积极参与应急准备与征用的企业与个人给予奖励与补偿。同时，应加快物资征收、征用补偿、物资储备、物资运输等制度的制定工作。

（2）应充分考虑“战时应战、急时应急”的功能，既要增强应战功能，又要增强应急功能的规定；既要为国防建设和高技术局部战争服务，又要服务于紧急情况的应对，一定要正确处理两者之间的关系，应协调发展。这体现在立法规划、计划的制订、法律规范内容的设置、相应法规条款的修改等多个方面。在制定法规中，当建设公路交通基础设施时，必须考虑到战时的交通运输保障，如可在高速公路建设上考虑飞机紧急起降跑道。并应将应战、应急立法与紧急情况、消除自然和人为灾害的立法有机结合起来，使应战或应急功能的开发充分依靠法律的权威性和约束力，推动“应战”、“应急”工作的有序开展。在《中华人民共和国国防法》、《中华人民共和国突发事件应对法》的基础上，制定《国防交通法》、《交通运输动员条例》、《交通运输应急条例》，做好“应战”、“应急”工作的衔接匹配工作，完善交通运输应急法规体系。

（3）整体与分项法规之间应协调一致，通盘考虑。首先应加快全国性、综合性整体法规的建设，进行综合整体要求，再在分项法规上进行相应约定。如，先行制定《交通运输应急条例》，对应急领导体制、各级政府在应急建设中的职能、物资储备、物资运送与民用资源征用补偿、法律责任、执法主体等重大问题做出明确规定，为各级政府开展公路交通应急工作提供基本的法律依据。同时，制定应急配套法规，并做好相关法规的衔接，如，修订已有的《公路法》，使分项法规与整体法规中的内容要求保持一致。

6.1.2.2 预案编制

（1）注重发挥公路交通应急预案的作用。公路交通应急预案是平时进行公路交通应急准备、构建应急管理体系、实现应急响应的重要手段。目前，国家、省、市级公路交通应急预案体系基本完备，县级公路交通应急预案的编制工作已经启动。在特定环境下，这些公路交通应急预案完全可以发挥重要作用。

（2）注重公路交通应战、应急预案的衔接。由于现有的应战预案与应急预案之间存在很大的共性，在编制应急预案时，要坚持以“应战应急一体化”为指导思想，推进应战、应急预案的衔接工作。提高公路交通应急预案和应战预案的融合程度，为建立“应战应急一体化”的预案体系奠定基础。

(3)抓好公路交通应急预案的顶层设计。公路交通应急预案编制要关注预案的规范化和标准化,更要抓好预案顶层设计。当前,以《国家突发公共事件总体应急预案》为代表的国家应急预案体系已初步完成顶层设计。现在需要做的工作是沿着该方向进一步深化,以加强公路交通应急预案体系的完备性和可操作性。

6.2 构建常设应急管理机构

6.2.1 构建要求

从具体国情出发,当前我国既不宜设立类似美国国土安全部那样的管理实体机构,又不能完全借鉴日本设立中央防灾会议或俄罗斯设立联邦安全会议的经验建立松散的联席会议制度,而应该整合各部门的管理职能,设立一体化的危机应对管理机构——公路交通应急管理委员会,该委员会由交通运输部部长任主任,作为公路交通应对危机的议事协调机构,进行跨部门的综合性决策与指挥,充分发挥政府在应急管理中的主导与综合协调作用。根据预案要求,建立部、省、市、县四级公路交通应急管理组织机构,明确各级管理机构的职责。公路交通应急管理委员会负责重大突发事件公路交通应急工作的领导、指挥和协调,制定国家公路交通应急管理体系建设规划、计划、政策和预案,检查指导地方公路交通应急工作。

在地方层级上,各省份公路交通主管部门应在同级人民政府的领导下，设有公路交通应急管理分委员会，并在市、县也成立相应机构，在平时由应急管理办公室负责日常工作，危机事件发生后由属地内地方行政主管部门统一领导。公路交通应急管理各级委员会应借助既有的行政资源，强化职能，成为全面负责属地内的公路交通危机保障建设、应急处置等综合化、一体化的核心管理机构。

公路交通应急管理分委员会负责公路交通应急保障工作的领导、指挥和协调工作，完成上级部门下达的运输保障任务。其日常状态下的具体职责如下：负责制定各地公路交通应急保障工作规划、计划、政策和预案；协调落实日常应急工作经费，建立征用补偿机制；负责组建应急队伍，加强基础设施保障能力建设；开展应急培训演练和宣传教育等。危机事件应对时，公路交通应急管理分委员会具体职责包括：负责协调相关部门编制联合行动方案，决定公路交通应急保障实施过程中的重大事项；负责接收、处理危机事件进展情况信息和协作部门互通相关信息；应急运力的征用和统一指挥、调度；各类应急处置信息的统计上报和宣传报道。必要时可设立现场指挥部，负责应急处置时的车辆征集、车辆调度、后勤保障、信息统计等具体工作。

6.2.2 建议

国家公路交通应急管理委员会作为公路交通应急最高管理机构，赋有相关管理和领导职能，下设应急管理常务委员会作为常设机构负责日常工作，并设立专家组协助开展工作。常务委员会在平时负责研究制定公路交通应对危机事件的重大决策和指导意见;组织编制并审议公路交通应急总体预案;规划、审议、领导公路交通应急保障工作;组织指挥特别重大和重大突发事件的应急处置工作等。

在国家公路交通应急管理常务委员会下设立三个办事机构:

(1)国家交通战备办公室。该机构主要负责与总后军交部的工作对接,主要为战争情况下的公路交通应急保障服务,统筹管理全国的公路交通应战保障工作,制订应战保障建设计划,履行交通战备物资的管理职责,从应战、应急一体化的高度统筹规划公路交通应急保障工作。

(2)国家交通应急管理办公室。该机构主要负责与国务院应急管理办公室的工作对接,为应急情况下的公路交通应急保障服务,统筹管理公路交通应急保障工作,制订应急保障建设计划,从应战、应急一体化的高度统筹规划公路交通应急保障工作。承担以下职责:国家救灾资金的分配和使用;办理国家应急管理委员会有关决定事项;督促落实国家应急管理委员会领导的有关批示、指示;协助中央政府处置特别重大和重大突发事件,协调指导特别重大和重大突发事件的公路交通应急相关工作。

(3)国家交通动员办公室。该机构主要负责与国家国民经济动员办公室的工作对接,掌握着重要经济资源的潜力数据,拥有较为完整的工作体系,培养专业化、高水平的人才队伍,建立完整的预案体系,信息化建设取得重大进展,资源保障模式升级,全面参与到应战、应急管理工作中,在其中主要履行以下职责:平时参与应战、应急保障建设计划的制订,参与组织编制应战、应急预案，负责审批具有应战功能的应急保障基础工程项目等；在应急处置时期，负责提供相关物资和设施的潜力信息，负责组织协调国民经济动员体系的相关资源参与应急处置工作等。

公路交通应急管理常设机构主要由各级管理委员会及其常设机构和办事机构组成。按照业务指导和行政领导关系，具体有纵向和横向两种组织形式。

(1)纵向组织形式上，形成了国家、省、市、县 4 个层次的应急管理体系。在平时，通过纵向组织关系，上级应急管理委员会对下级应急管理分委员会进行业务指导、信息传达、综合协调、资金补贴的审批和拨付等工作。下级应急管理分委员会向上级应急管理委员会汇报属地内公路交通应急管理工作和相关信息，上报年度应急保障建设计划，申请资金补贴等。在危机事件发生后，通过纵向组织关系，属地内公路交通应急管理委员会向上级管理委员会及时汇报危机应对与处置的进展情况。当危机事件超出属地范围，或造成的危害程度超出属地政府自身控制能力，需要上级政府提供援助和支持时，属地应急管理委员会应将情况立即上报上级应急管理委员会，请求上级应急管理委员会组织应对处置工作。由此，形成一个根据事态发展逐级上报的分级响应机制。

(2)横向组织形式上，主要是指同一行政层级内，应急管理各相关部门之间的组织关系。在平时，由应急管理委员会常务委员会负责危机应对管理和综合协调工作，负责日常的管理工作，以及公路交通领域内应急保障能力建设、预案编制、信息汇总等各项准备工作。危机事件发生后，常务委员会迅速组织成员单位召开特别会议，以交通主管领导为总指挥，在属地行政领导的统一指挥下，启动实施相应危机事件的预案，负责具体公路交通应急处置工作。

6.3 提升专业化能力

6.3.1 提升要求

应加强公路交通应急救援和运输保障队伍建设，尤其是加强管理人才、专业人才和技能人才队伍建设，充分发挥专家学者的专业特长和技术优势；继续做好应急运输队伍的普查工作。强化各级交通主管部门所辖区域内的应急运输队伍基本情况的普查工作，建立部、省、市三级应急运输资源基础数据库。

按照“平战结合、分级储备、择优选择、统一指挥”的原则，建立国家和地方公路交通应急保障车队。国家公路交通应急保障车队以省为基本单元构建而成，充分利用市场运力资源，按照市场规则，依托大型公路运输企业，落实运力储备，保证应急保障运力启动迅速、及时，提高公路运输应急处置效率。该车队既要负责危机状态下人员和物资的运输，又要满足国家战备物资运输的需要，是一支“平时服务、急时应急、战时应战”的保障队伍。在日常状态下，国家公路交通应急保障车队正常从事生产经营，参与市场竞争。在危机状态下，由省级公路交通应急管理分委员会负责统一指挥、统一调度、统一行动,在发生重大事件的情况下交由国家公路交通应急管理委员会指挥和调度。通过为车辆安装 GPS 监控设备和通信设备,利用指挥平台对保障车辆进行 24 小时监控,强化对保障车辆的动态监管和适时调动。

组建和整合以地市为基本单元的抢险救援和运输保障队伍。合理规划省级救援和运输保障队伍的布局,扩大救援和运输保障的覆盖面;逐步充实人员,更新设备,改善装备,提高队伍的装备水平;全面加强培训和综合实战演练,不断提高应对危机的能力。

以地市为基本单元,分别组建公路客、货运输保障队伍。队伍组建应尽量依托实力较强的客、货运输企业,通过协商达成运力调用协议,明确纳入应急运力储备的车辆数量、类型、技术状况,以及对运输人员和车辆管理的要求、应急征用的条件和程序、征用补偿的标准和程序以及违约责任等,通过协议规范应急保障行为,并保障应急参与企业的利益。平时免费为纳入公路交通应急保障队伍的车辆安装 GPS 监控设备,强化对保障车辆的动态监管和适时调动,提升行业和企业对保障车辆的监控调度指挥能力,以适应运输保障的需要。各市级公路运输管理机构要加强与企业的沟通联系,通过定期走访、开展应急演练等多种形式,督促企业做好相关工作。应充分发挥公路运输应急车辆所在企业的主体作用,做好车辆的日常维护和保养,确保应急运力充足、车型结构合理、技术状态良好;应重视从业人员培训,通过建立和完善数据库,加强车辆和人员的动态管理,发生变更时按年度更新。

应充分利用和发挥社会救援力量的作用，建立“专群结合、军地结合”的公路交通救援与运输应急保障体系。建立利用市场机制组织专业运输企业、非政府组织等社会力量参与应急管理的长效机制，逐步形成专、兼结合的救援与运输应急保障队伍，并积极探索建立全社会应急机制，实现突发事件应对工作的社会化，提升社会力量的专业化水平。

6.3.2 建议

公路交通应急管理体系的专业化能力主要体现在：使用专门的公路交通应急平台、资源、设备和工具，依托先进的公路交通应急理论和技术，按照既定的预案和程序进行保障。专业化能力主要包括：专业的机构、专业的人才、专业的设备等。因此，要提升专业化能力，必须要建立并完善以下内容：

(1)专业化的公路交通应急指挥决策机构。我国公路交通应急需要一个专职的、由公路交通应急专业指挥人才组成的指挥决策机构。公路交通应急实时响应有两个最基本的特点：一是时间紧迫，对时效性要求很高；二是采取的都是非程序式决策。这就决定了公路交通应急组织工作必须要由一个训练有素、指挥手段齐备、具有较强能力的专业指挥决策机构来承担。该机构要根据具体情况对公路交通应急进行预见性的决策管理，并按照危机可能类型及发生区域，编制系列处置预案。

(2)专业化的公路交通应急信息平台。危机的爆发一般令人措手不及，此时需要借助专门的信息平台来实施公路交通应急保障的各项活动。例如，能够在平时和急时进行功能无缝切换的公共信息平台，在第一时间获得危机发生与发展情况、物资需求、储备、供给等信息，并做出及时响应；能够在公路交通应急的各个环节，通过先进通信设备进行科学的运力调配，以最快的时间实施救援。

(3)专业化的公路交通应急队伍。公路交通应急是一项高度专业化的工作，因此需要一支由管理人才、专业人才和技能人才队伍组成的、专业化的应急保障队伍。这支队伍里需要专业决策者，他们必须经受各种专业知识的训练，科学及时地进行现场指挥；还需要有专家咨询组，在事故发生后能迅速启动专家咨询网络，充分发挥其专业特长和技术优势；此外，还需要有熟练掌握公路交通应急抢险、应急维修等技能的专业人才，并通过完善应急预案、加强日常培训和综合演习来提高公路交通应急运行能力和实战水平。

6.4 提升专项资金能力

6.4.1 提升要求

公路交通专项保障资金不足，缺少应急保障(备灾)和处置(救灾)专用资金，严重地制约着公路交通应急工作的开展。因此，建议设立公路交通应急管理专用资金体系，包括建设保障资金(以下简称备灾资金)和处置实施资金(以下简称救灾资金)。备灾资金专门用于各级交通主管部门从事应急保障能力建设，尤其是备灾工作，在应急保障建设相关机构内部封闭运行使用，主要用来形成公路交通应急管理的物力和人力资源保障能力。救灾资金专门用于各级交通主管部门从事应急保障处置实施工作,尤其是救灾工作,在应急处置实施相关机构内部封闭运行使用,是重要的财力保障。

公路交通应急管理专用资金,可按照现行《预算法》的规定上限提取,用于应对危机时的公路交通应急支出,并实行基金式管理,逐年累计储备。主要用于全国营运车辆联网联控及指挥调度平台的建设与维护、国家公路交通运输应急保障车队专用车辆购置补贴、车辆GPS等通信设备购置和安装、组织培训与演练、国家重大运输征用补偿等。一般通过项目扶持、人才培养等方式,引导和推进地方公路交通应急管理体系的发展。按照现行事权、财权划分原则,地方各级交通主管部门将应急运输保障经费纳入部门年度预算,预算编制采用"零基预算"方法,在合理测算支出需求的基础上,科学设定预算额度,明确具体开支范围,预算不足时按有关规定申请追加调整,在当年没有支出的情况下,或者用于支出后的余额,应滚动留存到下一年度,不得用于其他预算开支。

6.4.2 建议

6.4.2.1 备灾资金的设立与管理

备灾资金分为国家备灾资金和地方备灾资金两大类。国家备灾资金主要用于涉及全国的公路交通应急保障工作,并可根据具体情况用于补贴地方公路交通应急备灾。地方备灾资金主要用于本级政府辖区内的公路交通应急保障工作,尤其是备灾工作。跨省的重大备灾基础工程建设和维护费用由国家和地方共同承担。

(1)备灾资金的来源

各级备灾资金主要来源于中央财政和地方财政。

国家备灾资金的来源主要包括:①预算内的基本建设资金,这部分是根据备灾工作需要由中央财政新划拨的资金;②设立应急保障建设专项基金,具体征收管理办法由国家发展改革委员会同财政部、交通运输部及相关部门协商后确定;③国内外捐款;④国内银行及非银行金融机构贷款;⑤经国家批准由有关部门发行债券筹集的资金;⑥经国家批准由有关部门和单位向外国政府或国际金融机构筹集的资金;⑦其他经批准用于公路交通应急保障建设项目的资金。

其中,财政划拨资金和应急保障建设专项基金是备灾资金的主要来源。国家备灾资金的具体金额或计提比例由国家发展改革委员会根据全国公路交通备灾工作需求,与财政部、民政部和交通运输部协商后确定,报由全国人大批准,纳入本年度中央财政预算。

地方备灾资金(以省级备灾资金为例)的来源有两部分:一是地方政府参照国家备灾资金的筹集办法自行筹措的资金,包括省级财政划拨的基本建设资金、省级应急保障建设专项基金等;二是国家备灾资金的补贴。每财政年度各省应急管理委员会根据本省的具体情况,协同省发展改革委、民政厅和财政厅做出年度备灾计划和备灾资金需求计划,报同级人大审批,纳入本年度省级财政预算。同时向国家应急管理委员会上报年度国家备灾资金补贴计划,申请国家备灾资金补贴。地方财政投入和国家备灾资金补贴在省级备灾资金所占的比例,由各省的具体经济情况和备灾任务决定。总体原则是,经济发达地区的备灾资金中地方财政投入所占的比例应该比较大些,国家备灾资金应该加大对经济欠发达地区的补贴力度。

国内外的捐款是各级备灾资金的重要来源。在资源保障体系内,以各级公路交通应急管理委员会为主,协调各级民政部门、中国红十字会、中华慈善总会等机构接受社会各界的捐款,除去必须按捐款人意愿使用的资金外,全部注入各级备灾资金和救灾资金中。具体的分配比例由各级应急管理委员会根据当年的备灾和救灾形势确定。

(2)备灾资金的管理和使用

备灾资金由财政部门负责管理和监督。每财政年度各级公路交通应急管理委员会负责制订年度备灾工作计划,并向各级发展改革委报送备灾资金安排计划建议,由各级发展改革委审核确定。各级财政部门对确定的备灾资金安排计划审核后拨付资金。

①国家备灾资金。每财政年度应先由国家公路交通应急管理委员会做出总体备灾工作规划和备灾资金安排建议,并向国家发展改革委报送年度备灾资金安排计划建议,由国家发展改革委结合国家宏观政策审核确定。财政部对发展改革委确定的备灾资金安排计划审核后拨付资金。每财政年度各省应急管理委员会根据本省的应急保障任务和实际经济情况,编制国家备灾资金补贴计划,上报国家公路交通应急管理委员会,由国家公路交通应急管理委员会综合各省情况,向各省级备灾资金下拨补贴资金,作为省级备灾资金

来源的一部分。

②地方备灾资金(以省级备灾资金为例)。每财政年度备灾资金到位后,一部分由省公路交通应急管理委员会直接用于备灾工作,形成通用资源保障。地方部门根据本部门情况上报备灾计划和备灾资金计划,由国家公路交通应急管理委员会统筹规划后,确定并拨付备灾资金。地方部门同时接受上级部委的备灾拨款,完成上级安排的备灾工作,这实际上由交通运输部通过垂直行政链下拨给地方交通主管部门。地方交通主管部门一方面接受省级备灾资金拨款,另一方面接受交通运输部的备灾资金,根据各项备灾资金的用途,专款专用,形成属地内以备灾为主的公路交通应急保障资源。

6.4.2.2 救灾资金的设立与管理

救灾资金分为国家救灾资金和地方救灾资金。国家救灾资金主要用于特大危机事件发生后的应对处置实施和灾后恢复重建,以及补贴地方救灾资金等。地方救灾资金则主要用于危机事件发生后地方政府的应急处置实施工作和灾后恢复重建工作。通常,应急处置实施所需资金都由国家救灾资金和地方救灾资金共同承担,具体比例视受灾程度和地方经济情况确定。

(1)救灾资金的来源

各级救灾资金的主要来源也是中央和地方财政。

国家救灾资金的来源主要包括:①原财政预算内的救灾资金,主要包括中央救灾款、特大自然灾害救济补助费和预备费等;②危机应对专项基金,专项用于危机处置实施工作的资金保障,灾年多用,平年少用,结转使用。具体征收管理办法由国家公路交通应急管理委员会同财政部、发展改革委及相关部门协商后确定;③国内外捐款;④贷款、发行债券及其他经批准用于公路交通应急处置实施工作的资金。

地方救灾资金(以省级救灾资金为例)的来源主要有两部分:一是地方政府参照国家救灾资金的筹集办法自行筹措的资金,包括省级财政的预备费、省级自然灾害救济事业费和省级危机应对专项基金等;二是国家救灾资金的补贴。

同时,各级公路交通应急管理委员会负责牵头,协调民政部门、中国红十字会、中华慈善总会等机构接受社会各界的捐款,除必须按捐款人意愿使用的资金外,全部注入各级备灾资金和救灾资金中。具体的分配比例由各级应急管理委员会根据当年的备灾和救灾形势确定。发生危机时社会捐款应优先注入救灾资金,结余部分注入备灾资金。

(2)救灾资金的管理和使用

各级救灾资金根据《国务院关于加强预算外资金管理的决定》等文件,纳入预算管理,专款专用,统一核算,分级管理,分级负责。救灾资金由财政部门负责管理和监督,公路交通应急管理委员会负责使用和分配。

危机事件发生后,根据属地管理的原则,先动用地方级救灾资金进行应急处置实施工作,再根据相关预案规定,逐级申请,动用省级和国家救灾资金。如果发生特大危机事件,就由国家公路交通应急管理委员会负责收集各个受灾地区的灾害情况,统筹各方面信息,与财政部、民政部协作,直接下拨国家救灾资金,对受灾地政府给予财政支持。国家救灾资金的管理和使用沿用原中央救灾款体制。省级救灾资金沿用省级自然灾害救济事业费的管理体制。

6.5 加强公路交通应急预警管理

6.5.1 管理要求

在本书构建的公路交通应急组织指挥体系中，特别地，在公路交通应急领导决策机构中应设置专门的预警管理部门。预警管理部门要对公路交通应急自身的运行能力进行监测、分析和评价，在危机事件发生时采取积极措施将公路交通应急管理体系拉回到安全可靠的状态中来。防范和化解公路交通应急运作风险，重点在于事前预防，要建立完善的公路交通应急运作预警体系，通过实时跟踪公路交通应急运作风险因素和自身运行安全的变动趋势，测评它们的实时状态，及时发出警报，为决策者掌握和控制风险争取更多的时间。

预警管理部门关注的对象主要有两个方面：一是面临的和潜在的各种公路交通应急运作风险；二是公路交通应急管理体系的运行能力。通过对确定的监控对象进行早期监测、诊断、警报、早期干预，使它们的发生频度、强度、幅度及其相互关系处于控制之下，使公路交通应急管理体系的内外部环境、管理行为和系统功能秩序处于可靠的状态下，从而预防或回避风险发生，加强公路交通应急管理体系防范和应对风险，提升自身运行能力和安全水平，预警主要内容包括：

(1)对公路交通应急各个阶段的外部环境变化进行监测

与评价,以此明确公路交通应急时可能面临的或正在面临着的不利因素变动。监测范畴主要是引发公路交通应急风险的各类因素,包括环境风险、人员风险、资源风险和管理风险。

(2)对公路交通应急各个阶段的运行能力进行监测与评价,以此明确并预控不安全行为和低效运行状态的发生与结果。监测范畴主要是公路交通应急管理体系的准备、实施和恢复各阶段的运行能力。

公路交通应急预警管理作为公路交通应急决策部门的咨询辅助机构,其功能主要是为公路交通应急决策部门做出全面、准确、可靠的决策提供实时的依据。

从其功能的时间分配来看,在常态下,该机构要对整个公路交通应急管理体系的资源储备、组织运转、预案完备、公路网络脆弱程度等进行检查评估,并督促改进;在危态下,该机构要及时汇总各类危机预警预报信息,全面分析应急物资供需、运力情况,对公路交通应急全周期的外部风险和自身能力进行监测和评估。

从其功能的属性来看,公路交通应急预警管理具有警报功能、矫正功能和免疫功能。警报功能是对各类公路交通应急运作风险的早期征兆和诱因,以及公路交通运行能力状态进行监测、识别、诊断与警报的一种功能。矫正功能主要是一种预控和纠错的功能,是预控行为对预警对象的征兆和影响因素进行矫正作用的有效程度。免疫功能是指对同类型、同性质的预警对象进行预测或迅速识别并给出有效对策的一种功能。当出现了过去曾经发生过的风险征兆或相同的风险环境时，能准确、迅速地运用规范手段予以有效制止、恢复和提升。

6.5.2 建议

6.5.2.1 预警管理内容

公路交通应急预警管理内容包括两个方面，即公路交通应急运作风险预警管理和公路交通应急运行能力预警管理。

公路交通应急运作风险预警管理的内容，就是要求公路交通应急领导决策机构根据危机损失情况和环境发展趋势，结合风险偏好、风险承受度、风险管理有效性标准，来选择风险管理工具，并由此确定所需人力、物力和财力资源的配置原则。首先，要识别风险源中由自身失误造成的风险和外界不可控因素造成的风险；其次，要评价风险源中各类风险的发生概率和发生影响水平；然后，确定风险偏好（即愿意承担哪些风险）和风险承受度（即明确风险的最低限度和最高限度）；最后，设定预警指标风险区间，并据此确定风险的预警线及相应采取的对策。

公路交通应急运行能力预警管理的内容，就是要求公路交通应急领导决策机构根据应急物资需求状况、资源条件、公路交通网络情况等，结合公路交通应急所处阶段应具备的能力要求，确定当前公路交通应急运行能力与期望水平的偏离度。预警思路和方法与公路交通应急运作风险预警管理的思路和方式是一致的。

6.5.2.2 预警管理对策

（1）谨慎设计公路交通应急工作计划方案，减少公路交通应急运作风险发生诱因的数量。在时间紧迫性的要求下，公路交通应急运作涉及的主体多、环节多、要求高、风险因素复杂，在设计时要注意方案的合理性、可行性，尤其是时效性。

(2)落实预警管理工作，严密监控、有效防范风险的发生和发展。第一，要完善公路交通应急管理体系的监督审计等基础管理工作，为预警系统提供及时、全面、准确的信息。第二，设立学习子系统对预警结果进行定量和定性分析。第三，综合运用多种预警方法，相互印证，提高预测、预警的准确性。第四，采取循环预警方法，让预警系统具有数据更新能力和信息反馈能力，不断修正预警结果，保证预警结果输出的准确性与有效性。第五，根据公路交通应急运作的阶段，适时修正预警指标和权重设定，防止预警评价结果失真。

(3)建立健全预案库，促进公路交通应急管理体系的不断完善，如建立特殊应急物资的风险预案。在前文的风险分类中未考虑应急物资特性导致的风险，事实上，有必要对特殊应急物资进行评析，分析其存在的潜在风险类别，找出风险可能发生的环节，建立健全特殊应急物资风险预案库。应充分利用信息管理和平台系统的支持，并通过健全和演练风险预案来深化风险机制和处理办法。

(4)不断优化公路交通应急运作和控制方法，降低风险发生频率，提高公路交通应急运行能力水平。公路交通应急管理体系在构建之初就应嵌入预警管理组织和机制，成立由权威人士和专业人员组成的预警机构，在加强风险防控、增强自学习能力的基础上，建立起公路交通应急预警管理机制。

本章小结

增强公路交通应急管理体系的敏捷性，有许多抓手要认真对待：第一，要加强公路交通应急法规与预案工作，从法律与预案高度明确应急主体的法律地位与责任，以及相应的权利与义务；第二，要建立常设的应急组织体系，进行常态化管理，实现"平时服务、急时应急、战时应战"的功能；第三，要建设专业化的队伍，实现专业化的管理与救助，如，将交通武警部队整体划入公路交通应急管理体系，极大地推动了公路交通应急专业化水平的提高；第四，要有充足的专项资金保障，包括国家与地方的公路交通应急"备灾"与"救灾"资金，对企业与个人在公路交通应急过程中物资的征用能够进行相应的赔付，有效提升其参与危机应对的积极性与主动性；第五，要加强公路交通应急预警管理，实施应急各子系统、各阶段的预警管理，识别风险与不足，有针对性地加强公路交通应急管理体系各项能力建设。

第7章 研究结论与展望

当前频繁发生的危机事件,对世界各国进行及时有效的公路交通应急提出了很高的要求,同时也带来了极大的不可预知风险。科学的管理体系是公路交通应急有效组织的基础。目前,无论是从战略认识层面还是技术操作层面,我国都缺乏科学、系统、高效、经济的公路交通应急管理体系来支撑与保障我国政府应急管理体系的有机运转;从国内外相关文献研究来看,从应急管理体系敏捷性角度对公路交通危机应对工作开展理论研究还是一个空白。因此,本书的研究工作具有重要的理论价值和实践意义。

7.1 研究结论

本书以公路交通应急管理体系为研究对象,在对我国近年来发生的几次特别重大的危机进行较为深入调查分析的基础上,对如何构建危机背景下公路交通应急管理体系的一系列关键问题进行了研究,包括构建公路交通应急管理体系的理论和实践动因分析、管理体系整合架构建议、敏捷性评价指标建立、应急管理体系敏捷性评价实例,以及公路交通敏捷应急管理体系完善建议等。本书主要有以下结论：

(1)对公路交通应急管理体系的概念进行了阐释

公路交通应急管理体系，是为保障应对危机的人力、物资需求，以时间效益最大化和灾害损失最小化为目标，由组织指挥、运行实施、资源保障、决策辅助、信息支撑等要素相互联系、相互制约而构成的管理体系。它是为我国政府应急管理体系提供人力、物质保证的重要子体系，是其他子体系的基本实施保证。相比其他子体系，公路交通应急管理体系更难实现其时间效应和空间效应，充满了不可预知的风险。

(2)探析了公路交通应急管理体系构建的实践动因

经过多年探索，发达国家大都形成了运行良好的应急管理体制，也建立了比较完善的公路交通应急管理体系。美国、英国、日本、德国、俄罗斯的公路交通应急各具特色，值得借鉴，如基础设施齐备、信息网络发达、法律法规与预案体系完善、有柔性的交通运输网络进行支撑、充分发挥民间组织的作用，等等。

通过比较不难发现，我国尚未建立起危机应对下规范运行的公路交通应急管理体系，只是初步建立了公路交通应急物资供应、运输、配送、发放等保障体系的雏形。该体系虽然具有一定的功能，在一些灾害救助中也发挥了应有的作用，但在重大危机应对方面仍存在着明显的不足。公路交通应急管理体系的组织和运作，基础设施建设，运输通道网络，信息系统和平台建设，资金、技术和装备建设，法律法规和预案体系，以及专业队伍建设等方面都需要不断完善和加强。我国构建公路交通应急管理体系的工作重点应该是：必须尽快构建符合我国国情的公路交通应急组织指挥体系，必须切实有效地掌握应急资源信息和获取渠道，必须加强应急资源投入保障机制建设，必须建立功能完善的公路交通应急信息系统，等等。

我国公路交通应急保障工作的总体发展目标应做到：尽快建成组织健全、权责明确、协调有力的组织指挥体系；建立分级响应、反应迅速、运行高效的运行实施体系；形成横向到边、纵向到底、科学完善的决策辅助体系；建成统一指挥、专兼结合、保障有力的资源保障体系；建成功能完备、信息互通、处理有效的信息支撑体系；形成以政府为主导的专业化、社会化相结合，常态化管理的公路交通应急管理体系；全面提高我国公路交通应急能力、水平和效率。

(3)首次对公路交通危机事件、公路交通应急及公路交通应急管理体系进行了系统研究，提出了公路交通应急管理体系敏捷性的概念、构建作用和内在结构。

本书认为，公路交通危机事件，是指由自然灾害、运输事故灾难、公共卫生事件、社会安全事件等突发事件以及战争事件引发的，造成或者可能造成公路通道与重要客运枢纽出现中断、阻塞、重大人员伤亡、大量人员需要疏散、重大财产损失、生态环境破坏和严重社会危害，以及由于社会经济异常波动造成重要物资、旅客运输紧张需要公路交通运输部门提供应急运输保障的紧急事件。公路交通应急，是指在发生公路交通危机事件时，通过应急对人员、物资、资金等采取有效运输组织和积极保障的应对措施。公路交通应急管理体系，是指为了保证公路交通应急高效实施而建立的，包括组织指挥、运行实施、资源保障、决策辅助、信息支撑等要素的综合体系。

本书提出，公路交通敏捷应急蕴涵的核心理念主要包括：快速性、适应性、经济性和稳定性。我国应形成一个“交通运输部—省交通厅—市交通局—县交通局”的中央与地方分级负责的四级工作格局，按照“统一领导、分级负责、条块结合、属地为主”的原则，构建部、省、市、县四级公路交通应急管理组织机构，负责指挥协调、日常管理、现场指挥等工作。完整的公路交通应急管理体系应由组织指挥、运行实施、资源保障、决策辅助和信息支撑五个子体系组成。

(4)明确了公路交通应急管理体系的组成构架

构建公路交通应急管理体系的目标是，通过体系软硬件建设，力求在危机发生第一时间有效地调动公路交通应急多主体进行协同有序的快速响应，以保障各环节的工作顺利推进。构建公路交通应急管理体系，就是要“有管理机构、有运行机制、有保障系统、有政策法规、有信息平台”。因此，公路交通应急管理体系，可由组织指挥、运行实施、资源保障、决策辅助、信息支撑这五个子体系构成，只有五大子体系功能完备，协调运作，有机融合，才能有效实现公路交通应急“第一时间保障”这一核心目标。

其中，组织指挥体系包括决策中心、专家咨询中心、指挥中心、动员中心、日常管理中心、评估中心六大要素；运行实施体系由预测预警、应急处置、恢复重建、信息发布四项内容组成；决策辅助体系划分为法律法规、预案体系两方面；资源保障体系由人员保障、资金保障、物资设备保障、基础设施保障、运输保障和技术保障六大要素组成;信息支撑体系由调度信息、政府职能、情报通信、预警预测、基础数据、信息发布查询、用户管理和平台维护中心八大要素组成。本章重点提出了组织指挥、运行实施、资源保障、决策辅助、信息支撑这五大体系的构建思路、内容和要求等。

(5)提出了公路交通应急管理体系的敏捷性指标及评价方法和模型

本书在敏捷理论与方法研究的基础上,针对公路交通应急管理体系的构成要素,按照应急管理的不同阶段,构建敏捷性评价指标体系,并计算指标权重,确定影响体系敏捷性的核心要素。具体步骤如下:第一,明确公路交通应急管理体系敏捷性的内涵、特征;第二,提出了公路交通应急管理体系敏捷性评价的思路和流程;第三,设计了公路交通应急管理的评价指标体系,并通过快速性、经济性、适应性、稳定性的要求,运用信息熵法对专家评价结果进行处理,结合实际对指标进行简化,筛选出体现敏捷性要求的 5 个一级指标和 20 个二级指标;第四,结合应急的经验数据,进行专家权重聚类分析,计算指标权重,给出了评价方法和模型;第五,结合青海玉树地震进行了实证分析,确定了此次灾害中影响公路交通应急管理体系敏捷性评价指标体系的重要因素,并根据敏捷性指标的权重分析结果,确定影响公路交通应急管理体系敏捷性的核心要素。

(6)提出了完善公路交通应急管理体系敏捷性建设的对策建议

第一,要加强公路交通应急法规与预案建设,从法律与预案高度明确应急主体的法律地位与责任，以及相应的权利与义务；第二，要构建常设应急管理机构，进行常态化管理，实现“平时服务、急时应急、战时应战”的功能；第三，要提升专业化能力，实现专业化的管理与救助；第四，要提升专项资金能力，包括国家与地方的“备灾”与“救灾”资金，对企业与个人在应急过程中物资的征用能够进行相应的赔付，有效提升其参与危机应对的积极性与主动性；第五，要加强公路交通应急预警管理，实施应急各体系、各阶段的预警管理，识别风险与不足，有针对性地加强应急管理体系能力建设。

7.2 研究展望

本书以危机事件的公路交通应急为研究对象，借鉴国外理论与实践经验，构建了我国公路交通应急管理体系框架，并建立了公路交通应急管理体系敏捷性评价指标，并通过评价提出了完善与提高公路交通应急管理体系敏捷性的建议。

由于时间仓促和个人研究水平的局限，公路交通应急管理体系在很多方面尚需要做更深入和细致的工作。为使本研究内容更具理论价值和实用价值，建议在以下方面进一步展开深入研究：

(1)公路交通应急管理体系如何与我国当前应战、动员体系进行契合和植入，即与公路交通战备管理体系和公路交通动员管理体系进行有机融合，需要在丰富实证研究的基础上进行深入理论探讨。

(2)公路交通应急管理体系中组织指挥、运行实施、资源保障、决策辅助、信息支撑五大子体系划分的准确性与合理性，及其内部组成内容与功能定位，有待进一步深入研究。

(3)在对公路交通应急管理体系敏捷性进行评价时，如何在现有研究基础上不断优化评价指标、选择评价方法，以期得到更加准确可信的结果，有待下一步研究着力解决。

参 考 文 献

[1] 李连宏. 物资敏捷动员的理论与方法研究[D]. 北京：北京理工大学,2006.

[2] 薛澜,张强,钟开斌. 危机管理：转型期中国面临的挑战[M]. 北京：清华大学出版社,2003.

[3] 董平,郭瑞鹏,王永军. 公共危机发生理论及诱因分析[J]. 科技管理研究,2005.12.

[4] 项小军. 我国政府危机管理存在的问题与对策[D]. 武汉：武汉科技大学,2005.5.

[5] 黄桂霞. 公共危机应对中的政府责任研究[D]. 上海：华东师范大学,2010.

[6] 刘晓亮. 当前中国公共危机常态化管理研究[D]. 上海：华东师范大学,2009.

[7] 刘鹏. 我国省域中心城市公共危机预警机制与评价研究[D]. 哈尔滨：哈尔滨工程大学, 2008.

[8] 杨峰. 完善我国公共危机预警机制的思路与对策[D]. 成都：电子科技大学,2008.

[9] 张小明. 公共危机预警机制设计与指标体系构建[J]. 理论与改革,2006.11.

[10] 程婧. 论大学生心理危机四级预警指标体系及五级应急响应系统的构建思想[J]. 理论教育,2011.1.

[11] 赵华. 借鉴别国经验,补上地震危机防御课[J]. 现代职业安全,2009.2.

[12] 唐立红. 日美德政府自然灾害危机管理经验与启示[J]. 求索,2010.2.
[13] 葛春峰. 中美公共危机管理制度比较研究[D]. 上海:上海交通大学,2008.5.
[14] 郑毅. 美国危机管理研究[D]. 上海:华中师范大学,2008.
[15] 刘娜. 我国道路交通危机管理的理论体系及其应用研究[D]. 广州:广东工业大学,2006.
[16] 孔昭君. 论敏捷动员[J]. 北京理工大学学报,2005.7.
[17] 闫彬,李畅. 交通战备与应急运输保障有效整合[J]. 交通企业管理,2009.3.
[18] 吕芝祥,谭纪全,陈宝锋. 交通战备应急应战一体化建设问题研究[J]. 国防,2010.4.
[19] 杨希锐. 关于国防交通战备应急保障建设的几点思考[J]. 交通企业管理,2008.9.
[20] 周永龙. 抗击地震灾害运输保障对国防交通应急应战建设的启示[J]. 国防,2009.6.
[21] 欧忠文,王会云. 应急物流[J]. 重庆大学学报,2004.3.
[22] 谢如鹤,邱祝强. 论应急物流体系的构建及其运作管理[J]. 物流技术,2005.10.
[23] 谢如鹤,宗岩. 论我国应急物流体系的建立[J]. 广州大学学报(社会科学版) ,2005.11 .
[24] 杨锋,娜仁高娃. 应急物流体系的构建初探[J]. 内蒙古统计,2008.12.
[25] 徐东,黄定政. 关于应急物流体系建设的几点思考[J].

中国远洋航务,2008.9

[26] 陈方建.对健全我国应急物流体系的几点思考[J].物流技术,2008.10.

[27] 余朵药,何世伟.应急物流体系构建研究[J].物流科技,2008.11.

[28] 魏际刚,张媛.加快应急物流体系建设　增强应急物资保障能力[J].中国流通经济,2009.5.

[29] 孙悦.自然灾害挑战应急物流体系[J].物流科技,2009.2.

[30] 刘小艳.我国应急物流现状及体系构建初探[J].特区经济,2010.2.

[31] 潘淑清.浅谈我国应急物流管理体系与方法[J].江苏商论,2008.11.

[32] 云俊,程琦.论自然灾害应急物流管理体系的构建[J].武汉理工大学学报(社会科学版),2009.2.

[33] 虞明远.公路交通应急运输保障机制研究[J].综合运输,2007.1.

[34] 谢素华.论我国公路交通应急及运输保障体系的建设[J].公路交通科技,2008.9.

[35] 周学农.突发性灾害之公路交通应急管理[D].长沙:湖南大学,2009.

[36] 肖殿良,田宇佳.公路应急运输保障体系现状及对策[J].交通企业管理,2009.1.

[37] 李静,安实,崔建勋.道路交通应急保障研究[J].哈尔滨工业大学学报(社会科学版),2009.11.

[38] 李海超. 对国防交通科研发展方向的探讨[J]. 国防交通工程与技术,2008.9.

[39] 周晓光. 信息时代的战争交通运输动员发展趋势研究[J]. 企业家天地,2005.11.

[40] 张丙军. 信息化战争条件下交通动员发展趋势浅谈[J]. 汽车运用,2006.3.

[41] 连海龙. 我国交通运输动员潜力评价[J]. 南京航空航天大学学报(社会科学版),2007.12.

[42] 张鸿彦. 浅议快速交通动员的现状及对策[J]. 国防交通工程与技术,2005.9.

[43] 严鄂东. 智能军事交通系统研究[D]. 武汉:华中科技大学,2007.

[44] 李绍庄. 部队远程投送交通动员保障研究[J]. 国防,2008.1.

[45] 周志峰. 交通动员体系建设思考[J]. 汽车运用,2010.1.

[46] 吴有铭. 我国交通运输动员体制的整合与构建分析[J]. 商业时代,2010.9.

[47] 吴有铭. 交通运输动员法规体系初论[J]. 商业时代,2010.9.

[48] 张纪海. 动员联盟盟员敏捷性的评价指标体系与方法[J]. 北京理工大学学报(社会科学版),2005.10.

[49] 胡敏. 一种属性约简方法及其在动员联盟伙伴选择中的应用[J]. 兵工学报,2009.11.

[50] 孔昭君. 论大动员观念的培育[J]. 军事经济研究,2002.10.

[51] Rick Dove. 敏捷企业(上)[J]. 中国机械工程,1996,7(3):22-27.

[52] P T Kidd. Agile Manufacturing:Forging New Frontiers. Addison Wesley,Reading,MA,1994.

[53] Yusuf Y Y,Sarhadi M. Agile manufacturing:The drivers,Concepts and Attribute; International, 1999, 62 (1-2): 33-43.

[54] 董平. 敏捷动员项目管理及评价研究[D]. 北京:北京理工大学,2008.

[55] 董平. 敏捷动员模式下国民经济动员潜力评价体系及方法研究[J]. 北京理工大学学报(社会科学版),2005(9).

[56] 李华,吴云勇. 中国交通运输业与经济增长的关系[J]. 党政干部学刊,2007. 6.

[57] 肯尼思 巴顿. 运输经济学[M]. 北京:商务印书馆,2002.

[58] 于春荣. 公路运输系统的经济分析与评价[D]. 长春:吉林大学,2008.

[59] 王宏伟. 美国应急管理的发展与演变[J]. 国外社会科学,2007.2.

[60] 邓仕仑. 美国应急管理体系及其启示[J]. 国家行政学院学报,2008.3.

[61] 李扬. 美国交通应急预案对我们的启示[J]. 交通世界,2003.7.

[62] 尚春明,等. 发达国家应急管理特点研究[J]. 城市综合

减灾,2005.6.

[63] Aron Schroeder, Gary Wamsley, etc. The Evolution of Emergency Management in American: From a Painful Past to a Promising but Uncertain Future, from Handbook of Crisis and Emergency Management, Edited by Ali Farazmand, Marcel Dekker, Inc., 2001.

[64] 任进. 突发公共事件应急机制:美国的经验及其启示[J]. 国家行政学院学报,2004.2.

[65] 公共安全管理能力培训团. 英国应急管理考察报告[EB/OL] (2007-11-27). http://www.gdemo.gov.cn/yjjl/gjyjjl/.

[66] 赵菊. 英国政府应急管理体制及其启示[J]. 军事经济研究,2006.10.

[67] 赵成根. 国外大城市危机管理模式研究[M]. 北京:北京大学出版社,2006.

[68] 罗云恒. 英国危机管理简述[J]. 党政论坛,2008(4):57-58.

[69] 王慧彦,李志伟. 2008年雪灾的原因及日本应急制度给我国的启发[J]. 防灾科技学院学报,2008,10(2):47-50.

[70] 邹逸江. 国外应急管理体系的发展现状及经验启示[J]. 灾害学,2008,23(1):96-101.

[71] 俄罗斯、日本应急考察报告[EB/OL]. (2007-11-30).

[72] 袁艺. 日本的灾害管理(之一):日本灾害管理的法律体系[J]. 中国减灾,2004(11):49-52.

[73] 姚国章. 完善基础设施建设,应对公共突发事件,日本应急管理信息系统建设模式及借鉴[J]. 应用建设,2006(3):26-29.

[74] 国务院办公厅应急管理赴德国培训团. 德国应急管理纵览[J]. 中国行政管理,2005(9):73-76.

[75] 封畦. 德国应急管理体系的启示[J]. 城市减灾,2006(2):17-19.

[76] 新华社. 德国的应急管理机制简介[EB/OL]. (2005-11-07).

[77] 国外公共危机管理经验简介[EB/OL]. (2008-09-25).

[78] 德国应对灾害:公民保护与灾害预防结合[EB/OL]. (2004-07-26).

[79] 北京市政府专家顾问团,中共北京市委研究室. 美国、加拿大、俄罗斯应急机制的简要情况[J]. 决策咨询通讯,2003(5):79-83.

[80] 倪芬. 俄罗斯政府危机管理机制的经验与启示[J]. 行政论坛,2004(11):89-90.

[81] 何贻纶. 俄美两国危机管理机制比较研究及其启示[J]. 福建师范大学学报,2004(3).

[82] 新华社. 俄罗斯应急管理组织机构建设经验[EB/OL]. (2007-10-15).

[83] 刘力,周建中,杨俊杰,等. 基于信息熵的改进模糊综合评价方法[J]. 计算机工程,35(18):4-6.

[84] 李霞,蒋盛益,郭艾侠. 基于聚类和信息熵的特征选择算法[J]. 郑州大学学报(理学版),2009,41(1):

77-80.

[85] 刘业政,焦宁,姜元春. 连续属性离散化算法比较研究[J]. 计算机应用研究, 2007, 24(9): 28-33.

[86] 张清辉,慕晓冬,李毅. 一种基于层次聚类的属性全局离散化算法[J]. 微计算机信息, 2009, 25(5-3): 213-215.

[87] 颜志军,张跃军. 基于聚类分析的决策表约简[J]. 北京理工大学学报, 2006, 26(3):256-259.

致　谢

"雄关漫道真如铁,而今迈步从头越"。在专著即将付梓之际,回想五年博士生涯,给我提供无私帮助的良师益友颇多,对此,我将永远铭记在心!

最应感谢我的导师孔昭君教授。孔老师深厚的学术造诣、严谨的治学风格、严肃的科学态度、乐观开朗的性格、幽默机智的谈吐深深地令我折服。我个人所有研究工作,都是在孔老师的悉心教诲和指导下完成的。他那渊博的学识、敏锐的洞察力,提供了关键启发和帮助。孔老师无论是在学习方法、研究能力上的培养和塑造,还是在价值观、为人处世上的言传身教,都让我受益颇深。

感谢北京理工大学管理与经济学院甘仞初教授、韩伯棠教授、吴祈宗教授、洪瑾教授、董沛武教授、夏恩君教授、张强教授、崔利荣教授、张纪海副教授等诸位老师提供的帮助!感谢北京理工大学出版社的范春萍编审对我的帮助!

感谢人民交通出版社的杨文银社长、唐学军书记、赵冲久书记、杜颖副书记、韩敏总编辑,以及闫东坡编审、赵蓬主任对我的帮助!感谢交通运输部战备办公室朱永卓主任!

感谢李萍主任及其领导下的标准与规范编辑部的各位同仁的大力帮助与支持!

感谢吴建林博士百忙之中审阅书稿并提出了宝贵的修改意见！

感谢我的家人，尤其是我的妻子孟菲对我的支持和理解！感谢我的天使宝贝小布丁，她的到来，给原本幸福的家庭带来了更多的快乐！

感谢本书引用文献的所有作者！

感谢参与公路交通应急指标确定与权重打分的各位领导和专家！

特别感谢所有支持和帮助过我的朋友们！